《瓦尔登湖》作者亨利·戴维·梭罗的自然观察笔记

梭罗的四季人生

[美] 朱莉·邓拉普 ● 著　[美] 梅甘·伊丽莎白·巴拉塔 ● 绘
马爱农 ● 译

上海社会科学院出版社
SHANGHAI ACADEMY OF SOCIAL SCIENCES PRESS

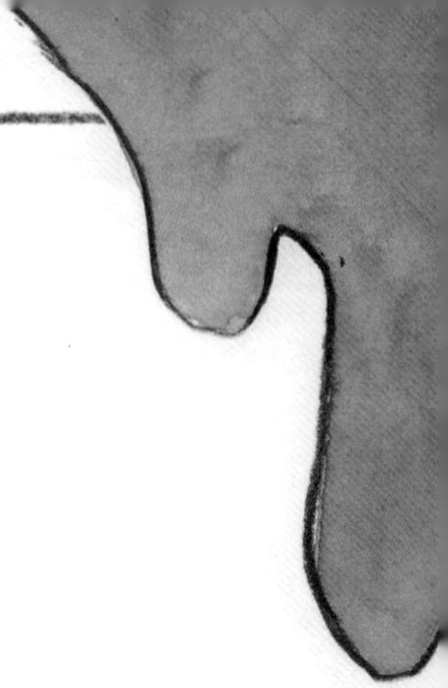

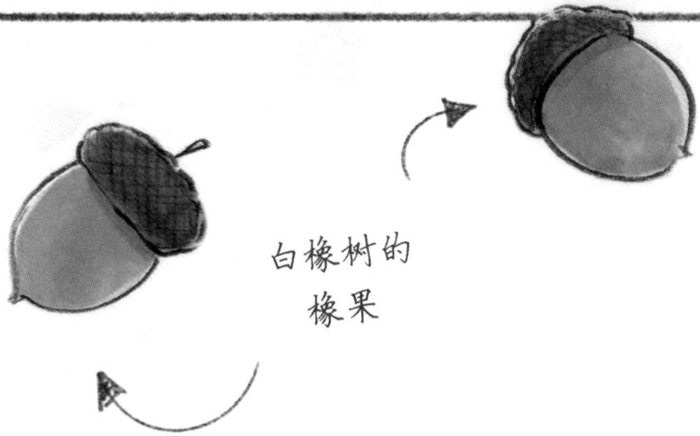

白橡树的
橡果

为什么会有季节变换？

冬天的五针松

春天的黄林莺

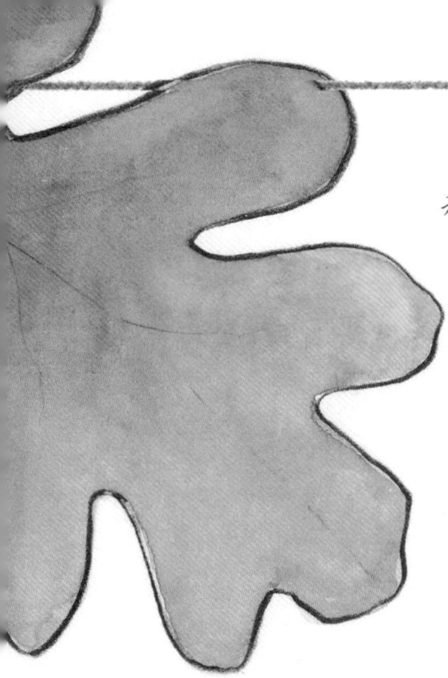

秋天的白橡树

亨利·戴维·梭罗最早的自然文学作品之一，是一篇名为《季节》的学校作文。当时他十一二岁。这个于1817年出生在美国马萨诸塞州康科德镇的少年，被大自然及其永不停歇的循环深深迷住了。通过观察和记录鲜花的绽放、鸟类的筑巢和迁徙、树叶萌芽和变黄的过程，梭罗改变了我们对季节变换的理解，改变了我们对人类在自然界中位置的认识。

夏天的沼泽乳草

一年有四季：
春、夏、秋、冬。

蜡笔肖像画
《37岁的梭罗》
塞缪尔·罗斯作

梭罗出生在康科德镇弗吉尼亚路的这座农舍。

从春天开始。

每年，年幼的梭罗都能凭嗅觉找到家乡第一朵绽放的花朵。他出生在祖母的农场里，在四个孩子中排行第三。从幼年时的每年春天开始，他都会到沼泽地里悠然漫步，寻找臭菘（sōng）花。

3月2日 还没迁徙的雪鹀（wú）？

3月4日 寒风阵阵

3月6日 黑桦冒出花苞

3月8日 积雪融化后臭菘花的花苞露出来了

臭菘花

梭罗在泥泞的雪地里匍匐前行，悄悄靠近半开半闭的花朵——近得能听见花朵里面苍蝇的嗡嗡声。

而臭菘花发出的腐肉味，总能让他冬日里萎靡的精神振作起来。有朝一日，他会十分熟悉这片树林，会通过气息找到野樱桃和睡莲。

3月17日
隆隆的
春雷声响起

3月20日
采集
白桦树汁

3月21日
桤木开出了
最早的花朵

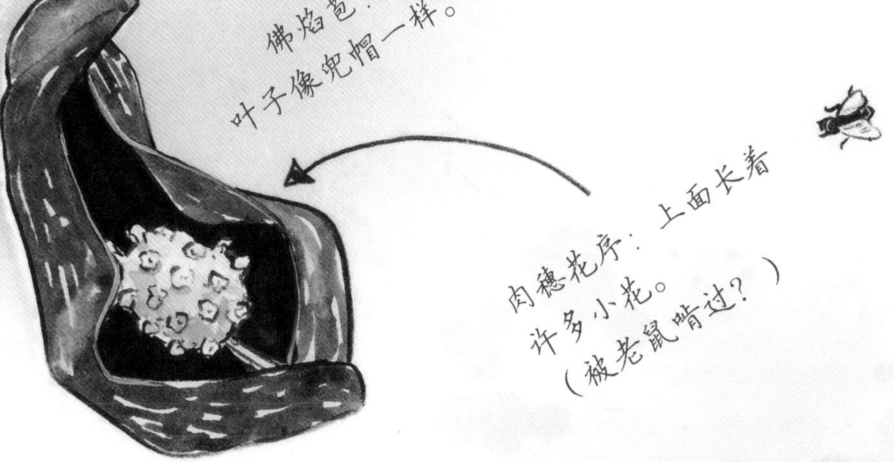
佛焰苞：
叶子像兜帽一样。
肉穗花序：上面长着
许多小花。
（被老鼠啃过？）

三月，当其他花朵还藏身地下的时候，臭菘花已经长势迅猛。

条纹臭鼬

梭罗认为自己知道其中缘由，“它们看见又一个夏天即将到来。”

3月23日
两只猎鹰
找不到巢了

3月26日
在瓦尔登湖看见雁和
第一批呱呱叫的青蛙

3月28日
土壤已解冻，
可以种植了

现在，我们看到
冰开始融化，树木发芽。

作为一个小男孩，梭罗更喜欢寻找野花，而不是把它们摘下来。然后，他把鲜花、树叶和种子收集在“植物学帽子”里，带回家去观察。

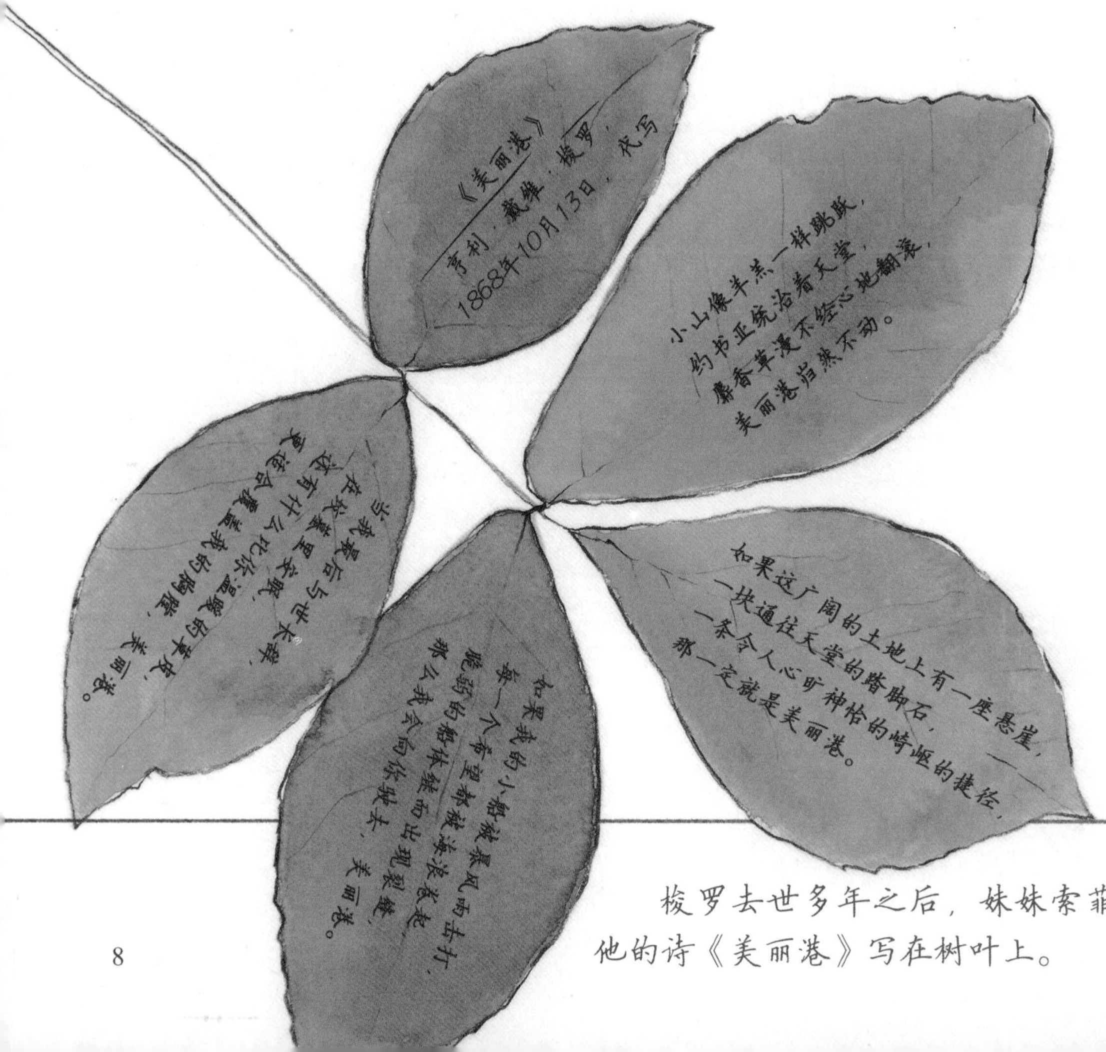

梭罗去世多年之后，妹妹索菲娅将他的诗《美丽港》写在树叶上。

面对一种不知名的植物，你既可以到书里去查找，也可以在放大镜下观察。而经过压制、风干，然后被粘贴到一张纸上，它就成了一件标本。在19世纪50年代，梭罗给他的每一件标本都标上了（拉丁文）学名。一堆堆的标本逐年增加，构成了梭罗的植物标本库，一个拥有900多件标本的私人博物馆。

梭罗的妹妹索菲娅则把自己的收藏变成了艺术品。她把梭罗的一首诗写在山核桃树的叶子上，还用压干的蕨类植物给棋盘做装饰。兄妹俩经常你追我赶，抢着去寻找最喜欢的春花。

梭罗把他最好的一堆标本寄给了哈佛大学的路易斯·阿加西斯教授。阿加西斯是著名的生物学家和地质学家，他欢迎公众把他们的发现送到大学博物馆，因为北美的许多动植物还需要正规的鉴定和描述。

有一次，梭罗寄去了三箱康科德瓦尔登湖里的鱼和一只乌龟，并附了一封信，里面提了各种各样的问题。阿加西斯教授的回信令梭罗兴奋不已——请再寄一些来！“大自然应得到最细致的观察。”梭罗说。

4月1日 只在早晨戴手套

4月2日 遇见唱歌的蓝知更鸟

4月5日 下起了蒙蒙细雨

4月6日 下了20多厘米厚的雪

现在，冬天渐渐过去，

大地开始返青，

长出了嫩绿的新草。

11岁那年，梭罗在康科德学校学习植物学、代数、希腊语和写作，繁重的课业让他无心外出。为避免挨鞭子，学生们都在椅子上坐得笔直。每当下课，教室门终于打开时，每个人都会欢呼着冲出去，除了梭罗！

他总是趴在围栏上观看其他人玩耍。有人说他是“怪人”。比起害羞的梭罗，很多人更喜欢他那性情随和的哥哥约翰。

但很少有人知道，在春天的星期六，约翰和梭罗在长满新叶的森林里唱得多么响亮，笑得多么欢畅。他们整天四处游荡，在四月的狂风暴雨中收集石头，搜寻“箭头”（指箭头形状的石头）。

当两个孩子满身泥污、落汤鸡似的回来时，他们的妈妈从来没有大惊小怪。

梭罗后来说，“要看野生动物必须在恶劣的天气出门。”

这两个在19世纪20年代到处游荡的男孩，并不知道这片森林和田野曾经完全是另一番模样。

阿加西斯教授

而在19世纪30年代，阿加西斯教授生活在瑞士，开始研究缓慢漂移的冰川。

冰川裹挟着巨石顺流而下，融化后留下成堆的岩石。阿加西斯意识到，山石上的一道道深沟，是很久以前巨大的冰川留下的印记。

阿加西斯教授得到的证据表明，过去的地球比现在冷得多。新英格兰的地质学家们读了他的理论，在他们本地的山丘和池塘中也发现了类似的证据。大约在15000年前，随着气候变暖，几千米厚的冰盖也塑造了当地的景观，留下了累累伤痕。

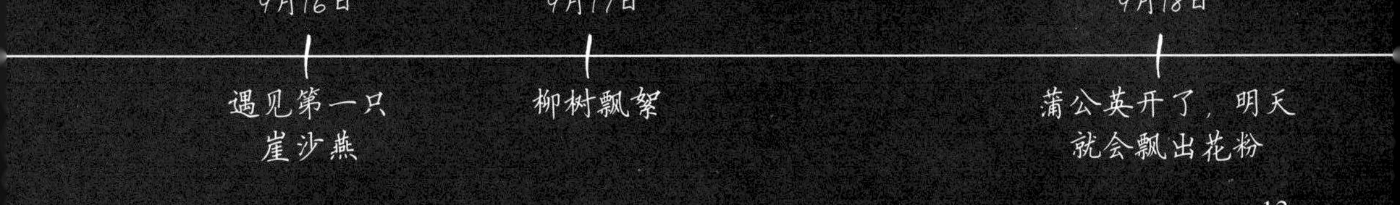

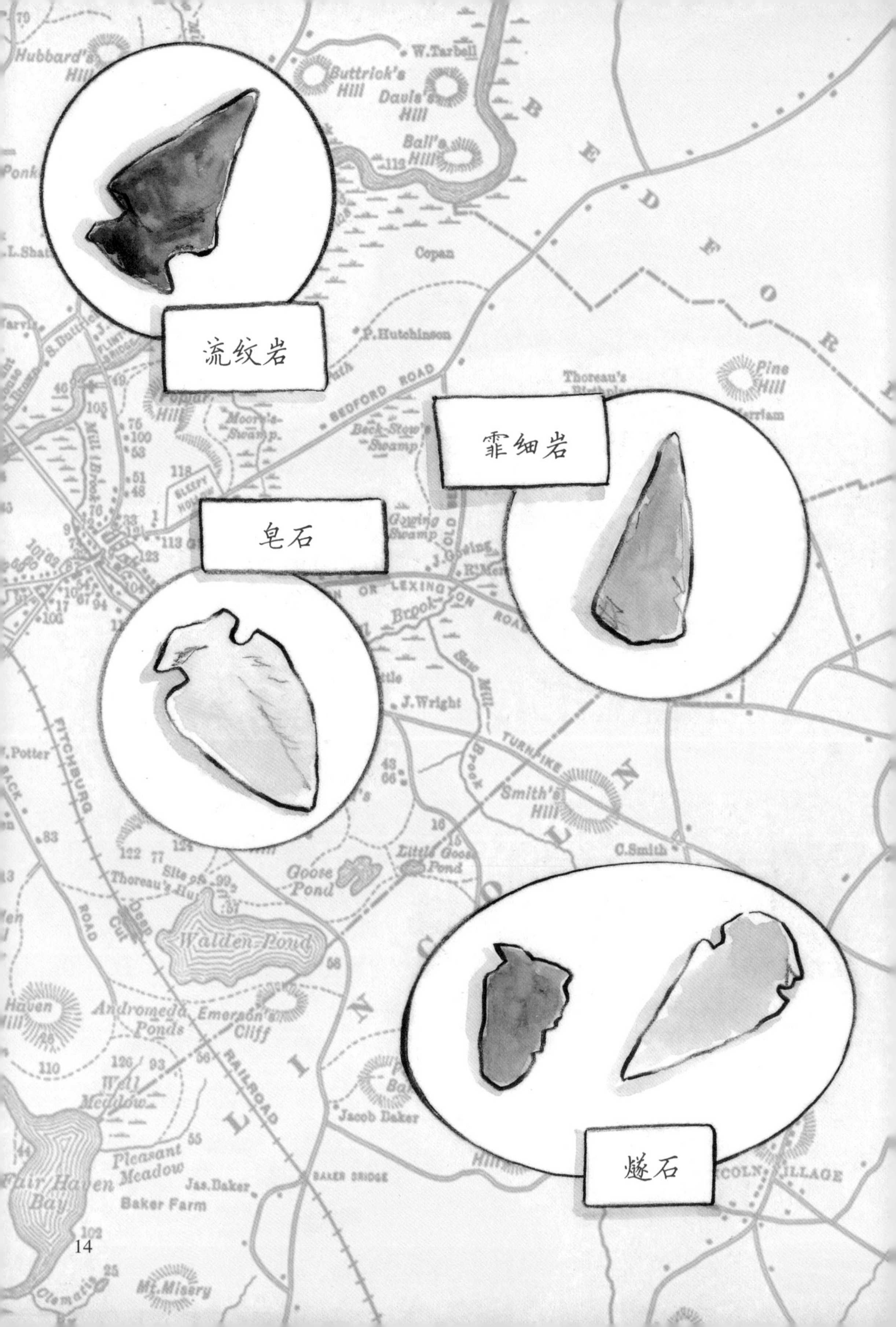
流纹岩
霏细岩
皂石
燧石
Hubbard's Hill
W.Tarbell
Buttrick's Hill
Davis's Hill
Ball's Hill
Copan
P.Hutchinson
BEDFORD ROAD
Thoreau's Birthplace
Pine Hill
Moore's Swamp
Beck Stow's Swamp
SLEEPY HOLLOW
Gowing Swamp
J.Gowing
LEXINGTON ROAD
Brook
J.Wright
Saw Mill Brook
TURNPIKE
Smith's Hill
C.Smith
FITCHBURG RAILROAD
Goose Pond
Little Goose Pond
Site of Thoreau's Hut
Deep Cut
Walden Pond
Haven Hill
Andromeda Ponds
Emerson's Cliff
Well Meadow
Jacob Baker
Pleasant Meadow
Fair Haven Bay
Jas.Baker
Baker Farm
BAKER BRIDGE
LINCOLN VILLAGE
Mt.Misery
Clematis
LINCOLN
BEDFORD

梭罗从“箭头”中知道了许多过去的事情。“箭头”是用各种不同的石头制成的，这取决于制作者的意图。从发现石刀和陶罐碎片的地方，梭罗了解到古代的人们在茂密的森林里狩猎和露营，而他现在的邻居们在那里务农耕作。

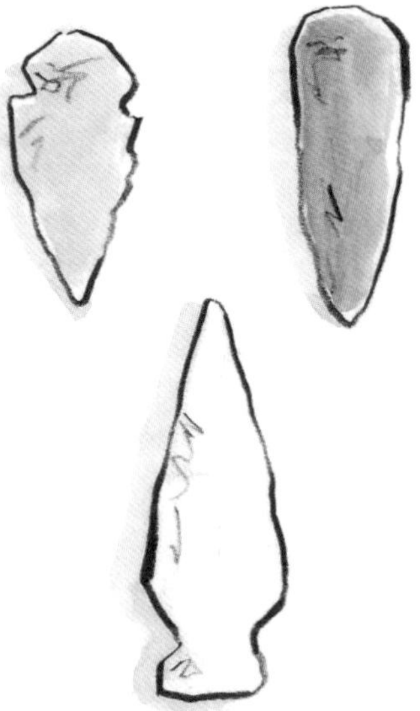

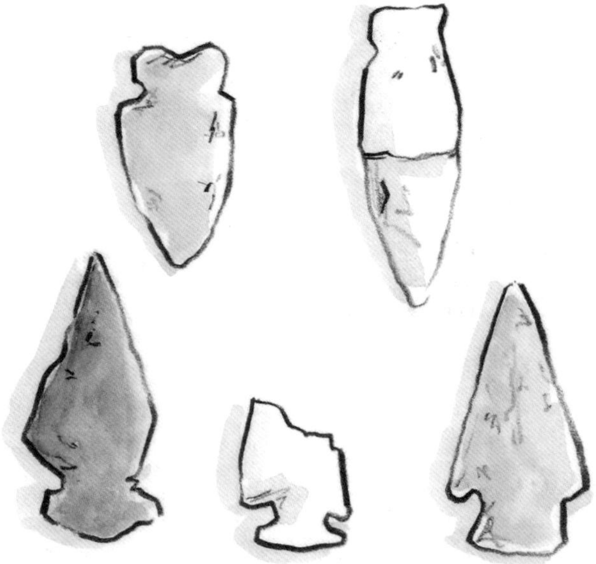

梭罗每找到一只“箭头”，用手指抚摸它依然锋利的边缘时，眼前就会浮现出制作者的形象。

春天土壤解冻，是寻找“石头果实”的最佳时机。他说：“每一个发现，都会引发我的思考。”

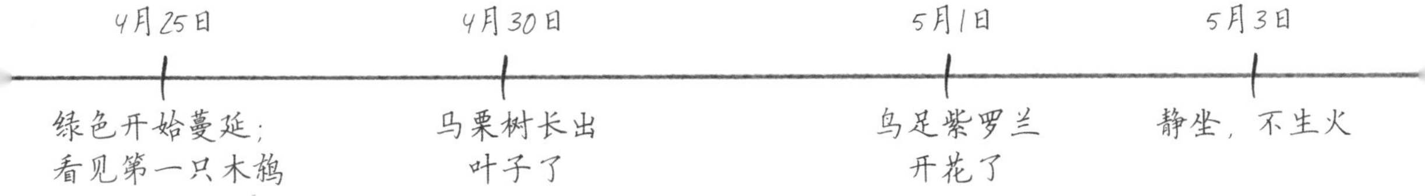
4月25日
绿色开始蔓延；
看见第一只木鹬
4月30日
乌栗树长出
叶子了
5月1日
乌足紫罗兰
开花了
5月3日
静坐，不生火

那些最近飞到南方的
鸟儿回来了，
用它们清脆的晨曲
振奋我们的心情。

这对爱冒险的兄弟也知道怎样保持安静。

有鸟蛋的
黄林莺巢

约翰一动不动地站在灌木丛中，把双手各放在一只耳朵后面，告诉梭罗怎么听到最细微的鸟叫声。那些悦耳的旋律宣告：缺席了整个冬天的黄林莺回巢了。

梭罗15岁时，和哥哥做了一只小船，去探索康科德的河流和池塘。两兄弟顺水漂浮，幻想着曾在这片水域捕鱼的阿尔冈昆族的男孩们，以及曾在松树林间徜徉的驼鹿和猞猁。

如果没有这些人和野生动物，浓荫密布的森林有时会令人感到孤独。就好像有人把一本伟大的书本撕掉了几页。“我不愿意这么想，”梭罗后来写道，“在我到来之前，某个仙人已经摘走了几颗最耀眼的星星。”

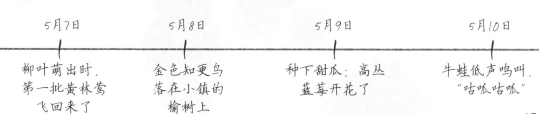

5月7日	5月8日	5月9日	5月10日
柳叶萌出时，第一批黄林莺飞回来了	金色知更鸟落在小镇的榆树上	种下甜瓜；高丛蓝莓开花了	牛蛙低声鸣叫，“咕呱咕呱”

美洲金翅雀

在小溪和池塘上泛舟，在树林和湿地中远足时，兄弟俩还熟悉了各种鸟儿、青蛙和昆虫的叫声。

北美歌雀
女仆—女仆—女仆—
带上—你的—茶壶儿—
壶儿—壶儿
唧唧吱唧唧吱唧唧吱
春田蟋蟀

如果有一种分辨不出来的叫声，他们就会在地上潜伏几个小时，寻找那位歌手。

呱呱呱
林蛙

带状翠鸟

木鸫

春天里交织着各种喧闹的叫声，让一些人感到刺耳——镇上的人想集中心思忙他们的正事。但梭罗听到的却是“夜莺、木鸫、翠鸟、镊嘴鸟（或叫杂色莺）和夜鹰”。周围有这么多歌喉悦耳的邻居，他怎么可能长时间感到孤独呢?

北森莺

灶巢鸟
（也许是梭罗笔下的“夜莺”？）

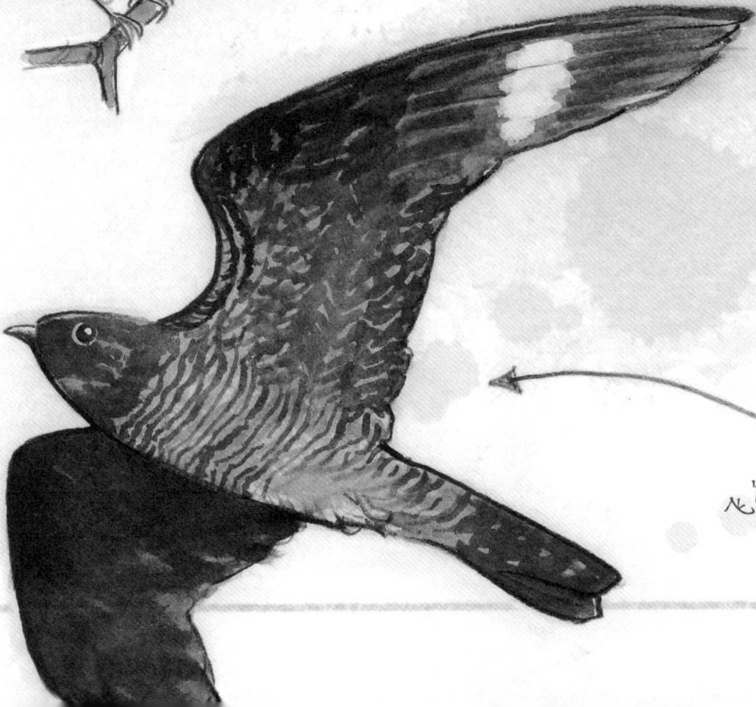

飞行中的夜鹰

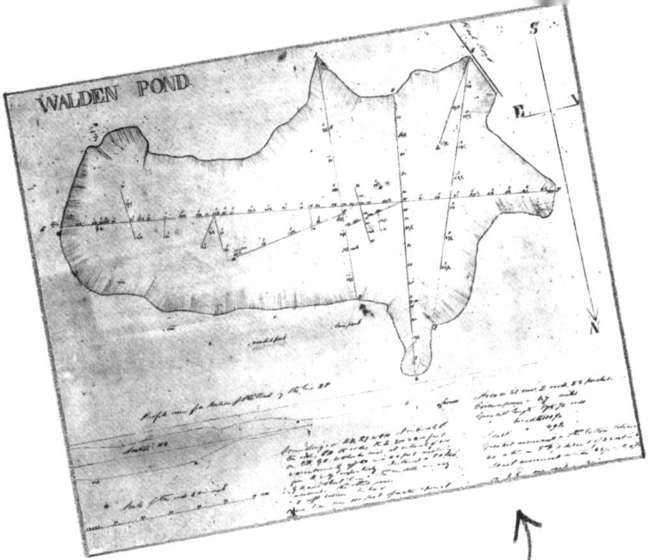

梭罗住在瓦尔登湖时绘制的地图

由于家里只能供一个儿子上大学，家人选择了更加勤奋的梭罗继续学业。梭罗在学习拉丁语、德语和历史等课程的闲暇时间，仍在波士顿附近的农田里寻找鸟窝，同时很想念康科德的乡村。

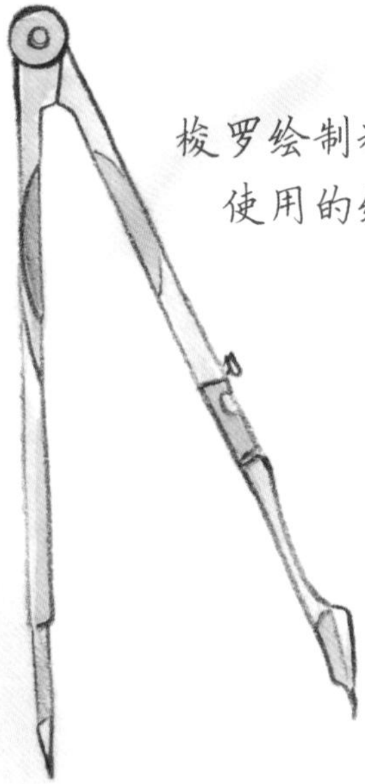

梭罗绘制精确地图时使用的绘图仪器

图书馆是梭罗在哈佛最喜欢的地方。书里有课堂上从未教过的知识，比如康科德土著人讲的瓦姆帕诺亚格（Wampanoag）语。

在数学课上培养的技能帮助梭罗解开了康科德的一个谜团。一些人相信幽深而清澈的瓦尔登湖是无底的。

5月14日
黑嘴杜鹃在捉毛毛虫

5月15日
林莺在树上猎食昆虫

5月21日
看见白橡树的叶和柔荑花序

5月22日
镇上飘着一股紫丁香花的芬芳

白桦树的花
和柔荑花序

有一年冬天，梭罗拿着一根拴着石头的测深线，冒险来到冰上，他要知道瓦尔登湖是否真的是个无底的湖。他测得的数据是：最深处为31.09米。“值得注意的是，在那么长一段时间里，人们都相信瓦尔登湖是无底的，却不愿费力去探测一下。”

有的时候，在星期六，想家的梭罗会步行32千米返回康科德。他越是细心观察，越能看清四季的相互重叠和交融。

早春的花朵随着新花的绽放而凋谢，初夏的花蕾与春天最后的花朵一起争奇斗艳。

在梭罗看来，差不多每一天都构成一个独特的季节。他说：“几乎没有两个夜晚是一样的。”

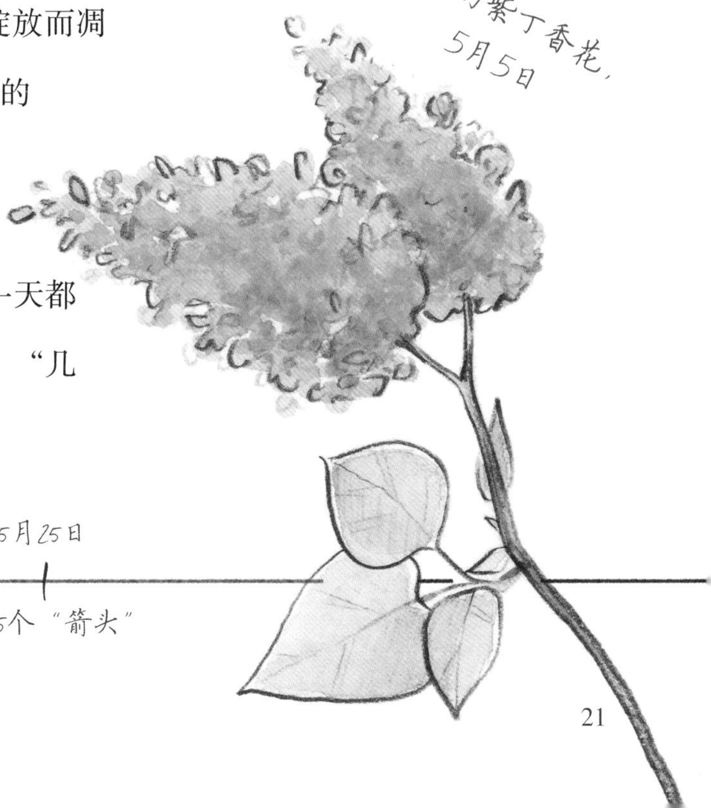
早春的紫丁香花，
5月5日

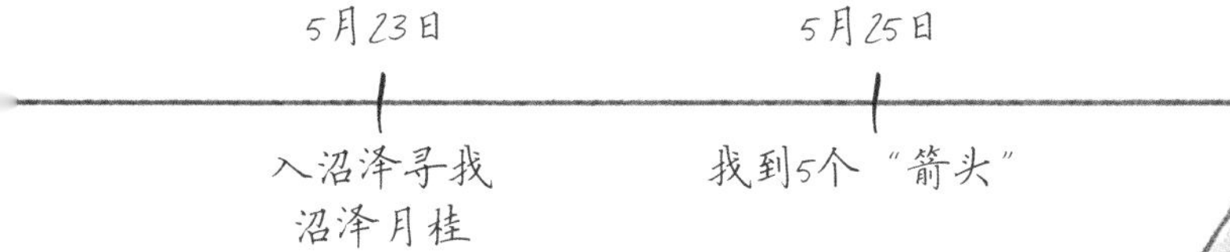
5月23日
入沼泽寻找
沼泽月桂
5月25日
找到5个“箭头”

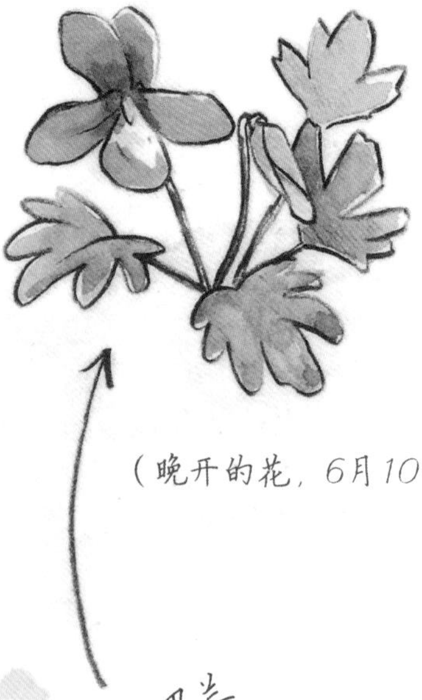
（晚开的花，6月10日）
鸟足紫罗兰

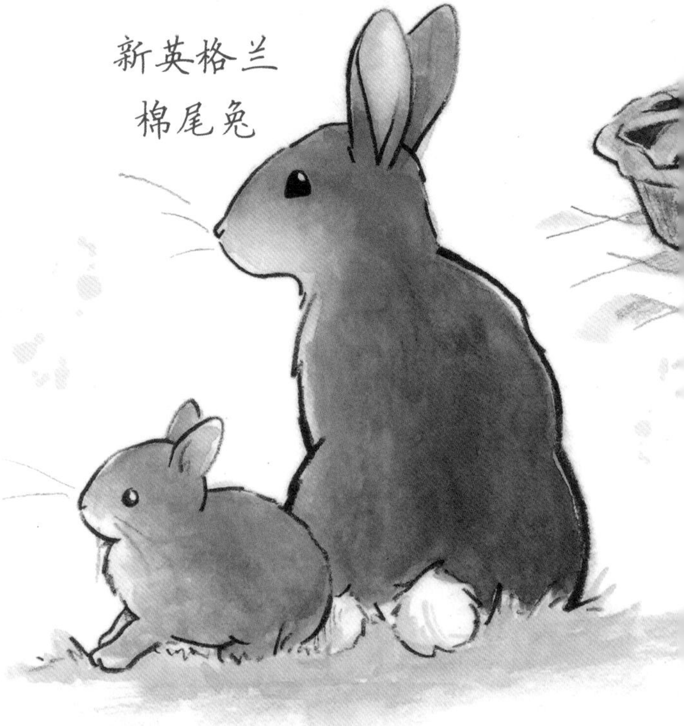
新英格兰
棉尾兔

接下来是夏天。

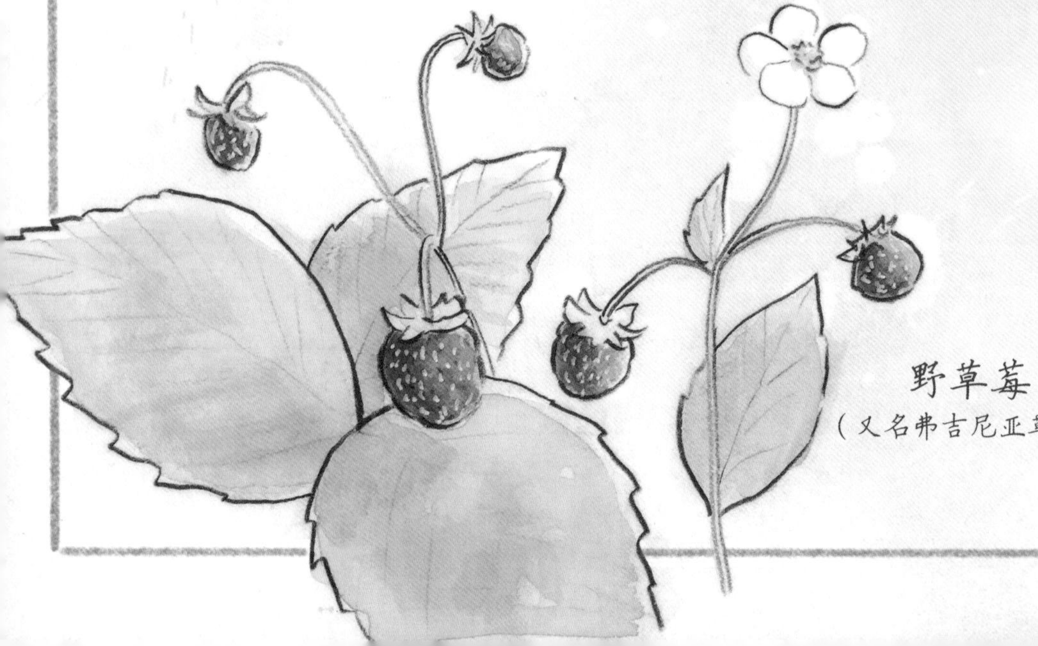
野草莓
（又名弗吉尼亚草莓）

蓝莓馅饼
高丛蓝莓
（又名高丛越橘）
5月20日
（期待7月下旬的
采摘会！）
开花时间
8月下旬—9月上旬
花园里的向日葵

《日晷》被爱默生称为“一本具有新精神的刊物”，1840年，该杂志第一期上刊登了梭罗的作品，那是他第一次发表作品。

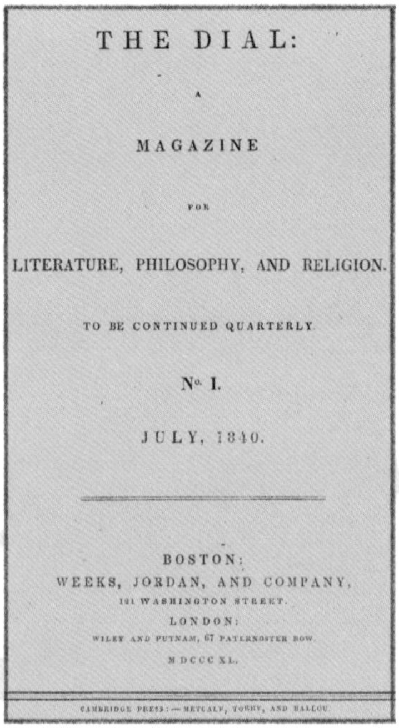

THE DIAL:

A

MAGAZINE

FOR

LITERATURE, PHILOSOPHY, AND RELIGION.

TO BE CONTINUED QUARTERLY.

No. I.

JULY, 1840.

BOSTON:
WEEKS, JORDAN, AND COMPANY,
121 WASHINGTON STREET.
LONDON:
WILEY AND PUTNAM, 67 PATERNOSTER ROW.
MDCCCXL.

CAMBRIDGE PRESS: — METCALF, TORRY, AND BALLOU.

珍珠菜
（俗称沼泽蜡烛）

春天的琉璃灰蝶

（学名腊琉璃灰蝶，栖息地：落叶林的空地和边缘、弃耕地、树木繁茂的淡水湿地和沼泽。）

梭罗大学毕业后，和哥哥约翰一起开办了自己的学校。在那里，男孩和女孩们通过绘图学习地理，通过种瓜学习植物学，通过测量位于康科德镇萨德伯里河畔美丽港的悬崖学习数学。当这位21岁的教师把铁锹插进河泥，从阿尔冈昆人的捕鱼营地挖出有火烧痕迹的岩石时，历史仿佛重现在他眼前。

不幸的是，约翰不久后病倒了，并于1842年告别人世。梭罗失去了最亲近的朋友，二人创办的学校也宣告关门。

学校停办后，他靠什么谋生呢？他尝试过打零工，比如帮农民搭篱笆，摘豌豆。他还为家族的铅笔公司发明了一种机器，得以将石墨研磨成一种更硬更黑的铅芯，这一发明让家族的铅笔畅销四方。

可是梭罗渴望成为一名作家、诗人。一位名叫拉尔夫·沃尔多·爱默生的作家朋友曾劝梭罗动手写日记，于是梭罗把那些原始的念头加工成了散文和诗歌。新出版的《日晷》杂志发表了他的几篇作品，他的自信心由此增强。但是，在这个杂志发表作品并没有稿酬。

失去约翰后，当梭罗在夏日浓荫密布的河岸边散步时，便只有文字与他做伴了。镇上有些人对此不以为然：“梭罗那小子就不能去挣钱吗？”但是梭罗在日记中写道：“在最美的野花生长的地方——人类的精神得到滋养——诗人在成长——”

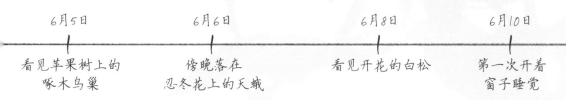

6月5日	6月6日	6月8日	6月10日
看见苹果树上的啄木鸟巢	傍晚落在忍冬花上的天蛾	看见开花的白松	第一次开着窗子睡觉

梭罗家族的公司生产的铅笔是全国最好的。工程师和会计们用削尖的铅笔取代了脏兮兮的羽毛笔。木匠们购买不会滚动的扁平铅笔，艺术家们可以用新的蓝色铅笔绘制出紫罗兰。梭罗从更多的实验中探索出怎样制作软硬不等的铅芯，以满足各种不同的用途。然而，工厂上空飘浮着的厚厚的石墨粉和烧木头的炉子排放出的大量烟尘，对他的肺造成了损伤。

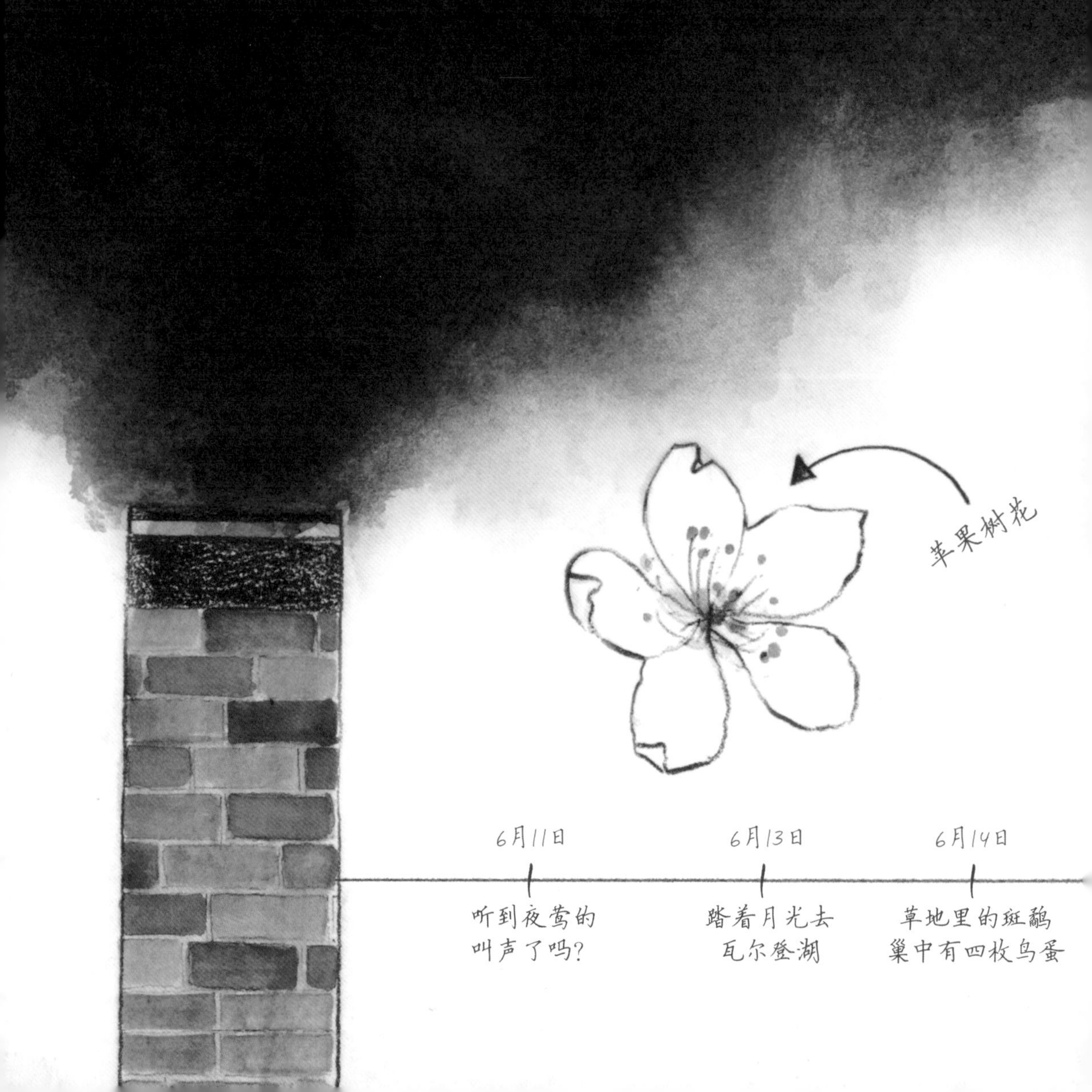

苹果树花
6月11日
听到夜莺的
叫声了吗?
6月13日
踏着月光去
瓦尔登湖
6月14日
草地里的斑鹬
巢中有四枚鸟蛋

巴尔的摩黄鸟
（又名金色知更鸟）

黑樱桃树
开花

在户外，梭罗可以深深地呼吸。在夏天的阳光下，在任何季节里，他都落笔如有神。

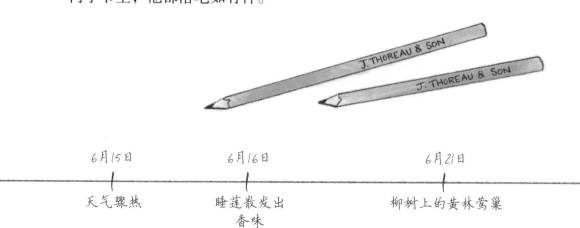

6月15日 天气骤热

6月16日 睡莲散发出香味

6月21日 柳树上的黄林莺巢

失去约翰后，梭罗邀请朋友们做他的旅伴。

有一年8月，梭罗和他的诗人朋友埃勒里·钱宁一起在新罕布什尔州的蒙纳德诺克山露营。在星空下，他们聆听着夜鹰的鸣唱。

每天天不亮，梭罗就起床了，用过蔓越莓早餐后出门。他连续几天都在记录山上的植物、鸟类和昆虫，勾勒下早已消失的冰川在石头上刻下的线条。

“我们什么都看不见，”梭罗写道，“除非我们痴迷于它，满脑子都是它，否则我们就几乎看不到其他东西了。”

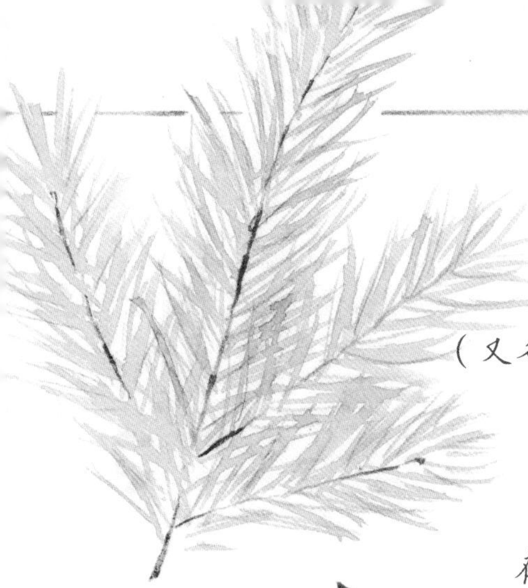

红云杉
（又名红皮云杉）

耐寒植物
在高山上长势茂密

白蛱蝶
（又名拟斑蛱蝶）

柞蚕棉草
（又名白毛羊
胡子草）

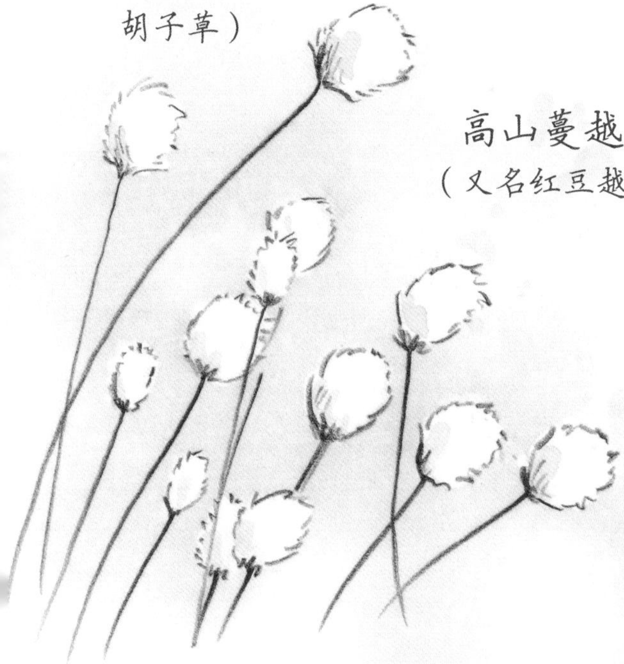

高山蔓越莓
（又名红豆越橘）

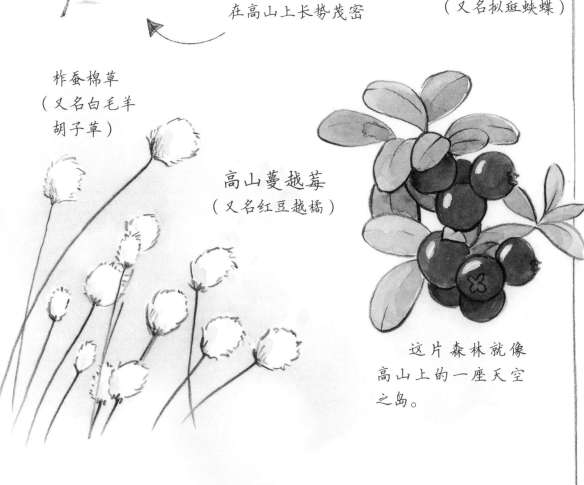

这片森林就像高山上的一座天空之岛。

6月23日	6月24日	6月28日
有三枚蛋的唐纳雀窝	异乎寻常的冷	黄蜂筑巢

花草树木都在盛开。

梭罗不知道接下来该做什么工作，于是他决定拿自己的生活做实验。生活得简单一些，他是不是就能有更多时间投入自己真正的事业：写作？

爱默生给梭罗提供了瓦尔登湖畔的一块林中空地，梭罗借来斧头，砍了几棵松树，与爱默生、布朗森·奥尔科特及另外几个朋友一起动手，搭起木头框架，并钉上改造旧屋时拆下来的木板。

索菲娅·梭罗画的梭罗小屋

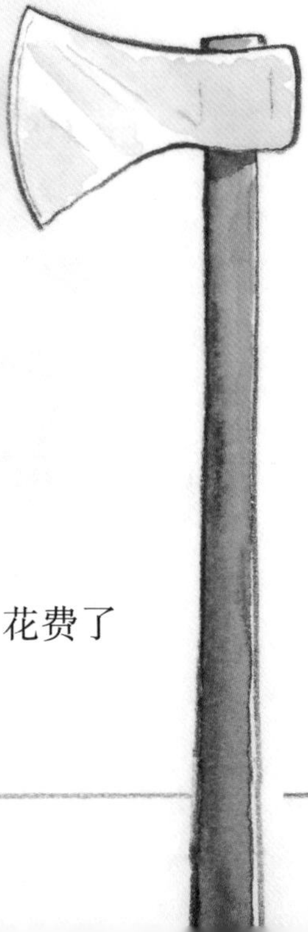

这座小房子里有一张床、一张桌子和三把椅子，花费了28.125美元。但这对梭罗来说已经足够了。

大角猫头鹰

1845年7月4日是梭罗的“独立日”。他搬到了瓦尔登湖畔。夜里，一只啼叫的猫头鹰与他做伴。

早晨起来，梭罗先到湖里泡一个澡，然后去找野花，锄豆子，还要不时和一只偷吃庄稼的土拨鼠斗智斗勇。

在一个炎热的下午，梭罗静静地躺在一棵槐树的树荫下，任由动物们靠近他。一只大胆的老鼠舔光了他手指上的奶酪，高温催熟了越橘，也使他的想法逐渐成熟起来。

山月桂

阿加西斯教授提过的白腹鼠

“我很富有，”他后来写道，“也许没什么钱，但我拥有大量阳光灿烂的时间和盛夏的日子……我奢侈地挥霍着这一切。”

有时，梭罗在门外放一把椅子，欢迎客人来访。

经常有朋友带着家人来湖边野餐，有时是12岁的路易莎·梅·奥尔科特和她的姐妹们，有时是布朗森和他的几个女儿。他们一起采越橘，坐在梭罗的小船上荡漾湖中，看高高的天上云卷云舒。

美洲越橘
（又名酸越橘）

但是，每天的宁静总是被火车刺耳的汽笛声打破。一条铁路于1845年竣工，为的是提升马萨诸塞州周边货物和人员的运输能力。火车头燃烧的是康科德的松树，它喷出一股股黑烟，直冲瓦尔登湖的蓝天。

7月3日
橡树叶下的灶巢鸟窝

7月5日
水乳草开花

一位朋友劝梭罗挣钱买一张车票外出。梭罗想到他在火车上将会错过夏日的瓦尔登湖时光，“我才没有那么傻。”他一边说，一边擦去靴子上的泥土。

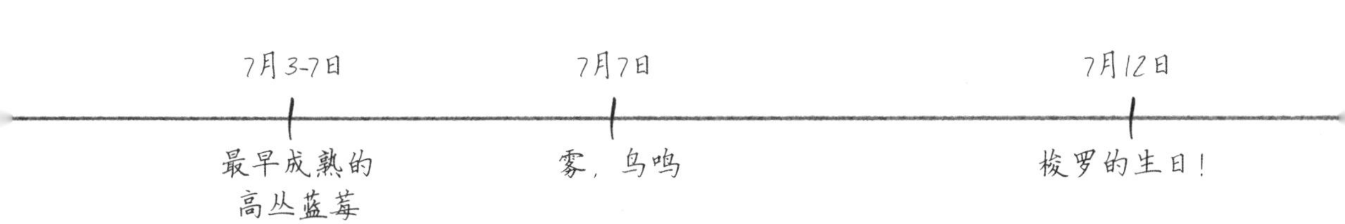

瓦尔登湖也是梭罗和朋友们谈论先验论的最佳场所。先验论是一种当时许多人都认同的哲学观点，他们认为，关于世界的一些最深邃的问题，大自然都提供了答案。

爱默生常说，户外的独处教会人们独立思考。

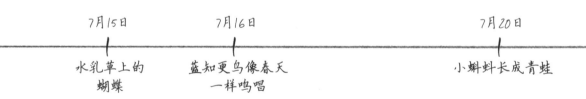

7月15日 水乳草上的蝴蝶

7月16日 蓝知更鸟像春天一样鸣唱

7月20日 小蝌蚪长成青蛙

汤姆·鲍林
他的心善良而柔软，他忠心耿耿，
履行自己的职责，现在他去了天国，现在他去了天国。

更激进的先验论者想要一场变革。他们认为社会应该关注精神需求，而不是物质需求。布朗森·奥尔科特创办了一个名为“水果园”的社区，成员们拒绝穿棉质服装，因为任何人都不应该从奴隶的劳动中获利。*

朋友们回家之后，梭罗久久地思考着这些观点。他在湖面上荡舟，吹奏起哥哥最喜欢的曲子，鲈鱼聚集在小船周围，被他的笛声深深迷住。

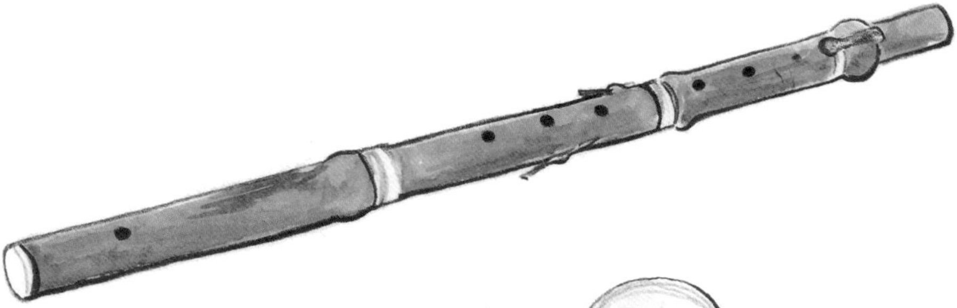

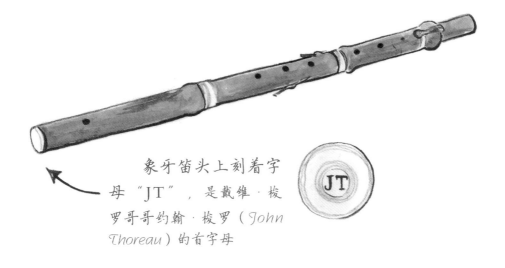

象牙笛头上刻着字母“JT”，是戴维·梭罗哥哥约翰·梭罗（John Thoreau）的首字母

JT

---

* 当时美国大部分的棉花由奴隶采摘。——编者注

黑莓
（悬钩子属植物）

现在，树上开始结果实了，一切看上去都是那么美丽。

梭罗经常步行三千米到镇上去办事，或帮人做铅笔。邻居们也会跟着他回到瓦尔登湖，急切地想看看那些结出最甜果实的黑莓地。

一路上，他们不断地向梭罗抛出问题。你为什么要搬到树林里？为什么一个人住？如果你过于入神地研究自然，你的写作——你的艺术——会不会受影响？

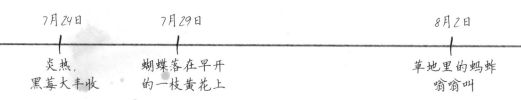

7月24日
炎热，黑莓大丰收

7月29日
蝴蝶落在早开的一枝黄花上

8月2日
草地里的蚂蚱嗡嗡叫

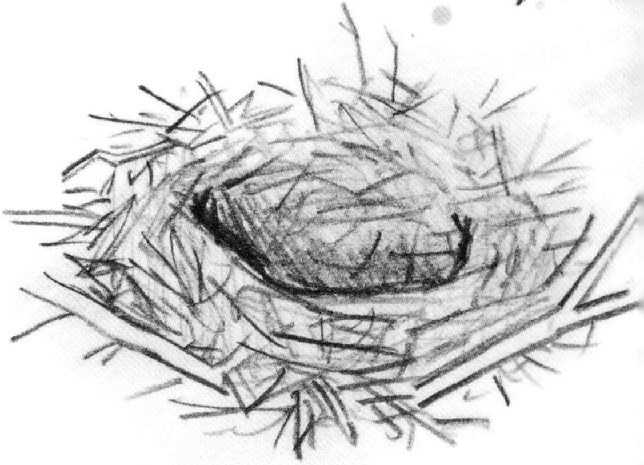

美洲乌鸦
（又名短嘴鸦）

梭罗的回答统统是吹一声口哨，把一只乌鸦从树上唤下来。他知道：“问题的关键不在于你看了什么，而在于你看到了什么。”

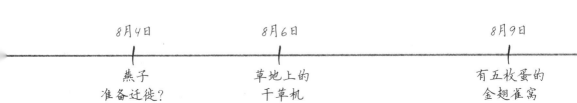

8月4日
燕子
准备迁徙？

8月6日
草地上的
干草机

8月9日
有五枚蛋的
金翅雀窝

正如梭罗希望的那样，瓦尔登湖的简单生活给了他更多的写作时间。傍晚的余晖还没有退去，他已把田野笔记写成了日记，记录下每日瓦尔登湖的水温、游过的雁的数量，以及雨后溪流的深度。

普通潜鸟
又叫长鸣鸭

他谈到自己曾划船跟随一只潜鸟，想把它看得更仔细些。潜鸟扎进水里，然后冒出来，一次又一次，逗引梭罗继续追赶。最后，梭罗的胳膊又酸又痛，潜鸟则狂“笑”不止，“笑声在树林里回荡”。

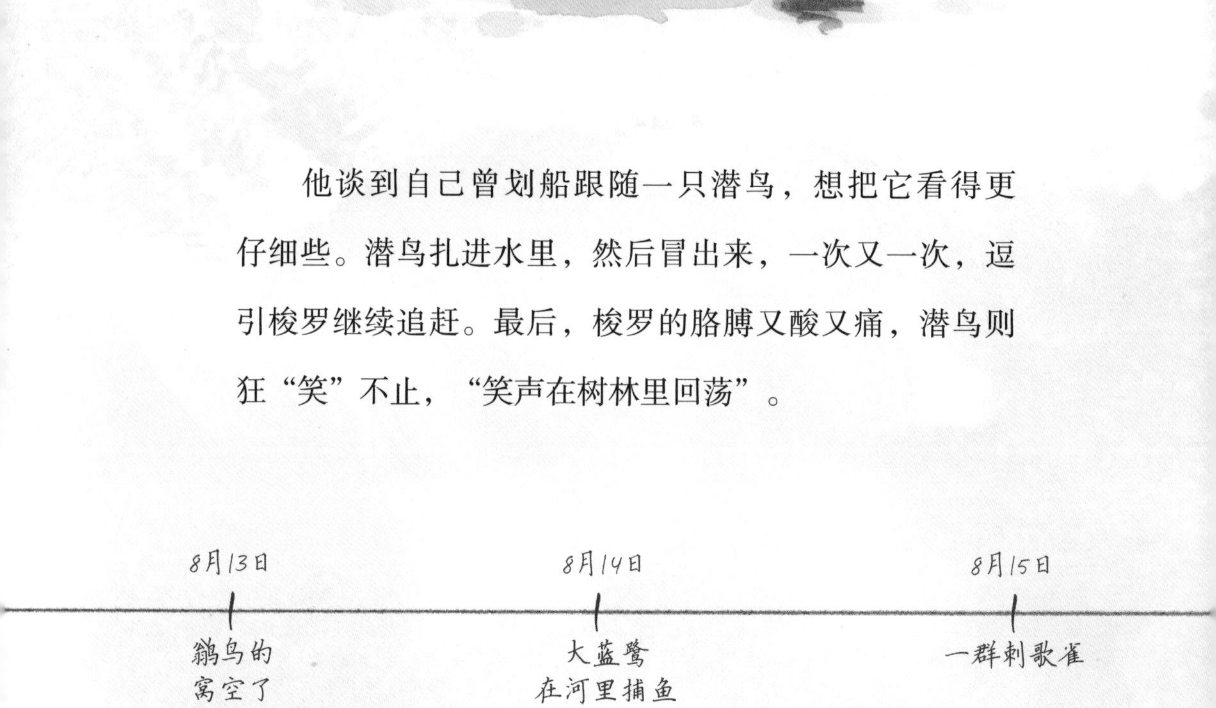
8月13日
鹟鸟的
窝空了
8月14日
大蓝鹭
在河里捕鱼
8月15日
一群刺歌雀

最有意义的故事是回忆。在他的小屋里，松树的清香从窗外飘进来，跃然纸上的是他和约翰一起乘船去怀特山的情景。他把湖上云雾升腾的早晨和水汽氤氲的下午，与美、宗教、水上贸易、伤感和永恒之爱等深邃的主题，巧妙地结合在一起。

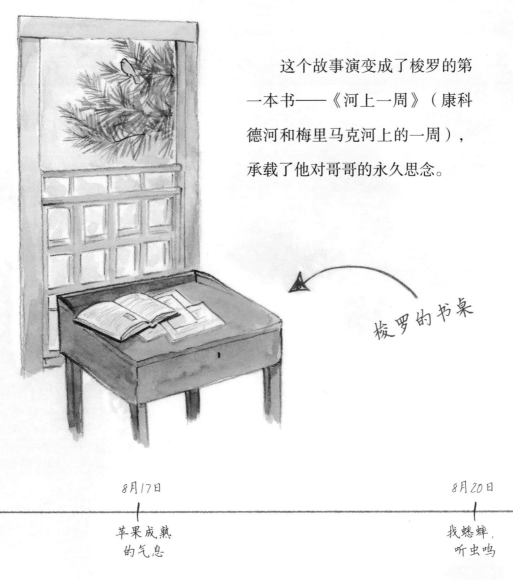

这个故事演变成了梭罗的第一本书——《河上一周》（康科德河和梅里马克河上的一周），承载了他对哥哥的永久思念。

8月17日

苹果成熟的气息

8月20日

找蟋蟀，听虫鸣

在那两年两个月零两天里，梭罗在瓦尔登湖畔享受着写作和思考的自由。事实上，瓦尔登湖实验向他证明了：自由是生活的必需品之一。

但他无法忘记19世纪40年代美国最大的不公：奴隶制。被法律枷锁束缚的黑人根本没有自由。

为了表达抗议，他多年来拒绝纳税。在他看来，税费支持了美国与墨西哥的战争，将奴隶制扩展到得克萨斯州。1846年7月，他出门去镇上找鞋匠，却被警长拦住了。萨姆·斯台普斯警长让梭罗做出选择：要么补缴税款，要么进监狱。梭罗选择了进监狱。

反对奴隶制的朋友和家人都为他鼓掌喝彩，其他人则称这种行为是“愚蠢”和“粗俗”的。有人在未经梭罗允许的情况下，偷偷花钱将他保释了出来。

一枝黄花
（一枝黄花属）

梭罗相信自己的判断，认为人有责任抵制在道义上错误的法律。他宣称：“让你的生命成为阻止这台机器运转的摩擦力。”

8月21日 一枝黄花叶子上的黄色小蜘蛛

8月22日 大雨过后找到的陶器

8月23日 紫色茎秆的美洲商陆

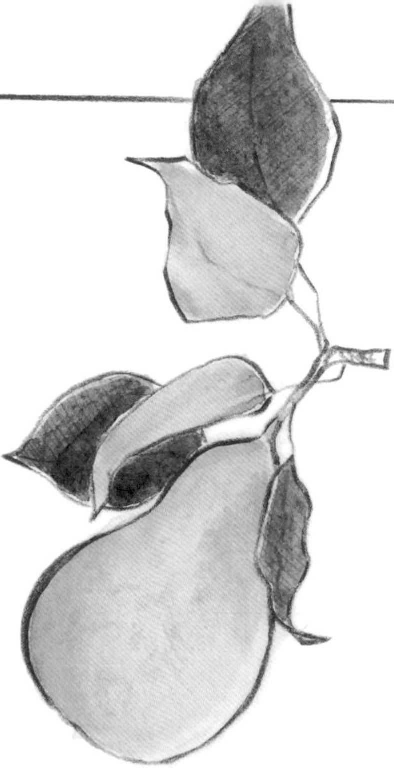

秋天，

我们看到树上

结满了果实。

农民们开始
储备过冬的物资，
市场上摆满了水果。

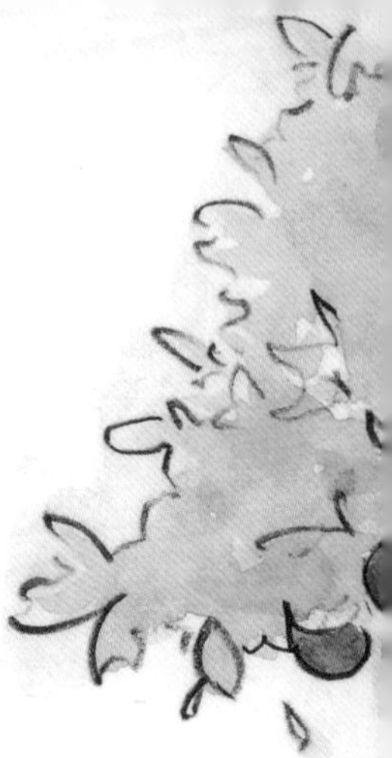

两年后，梭罗离开瓦尔登湖，去尝试其他的生活方式。

他那些没有售出的作品被堆放在父母家的阁楼上。“我现在有近900册藏书，”梭罗自嘲道，“其中700多册是我自己写的。”

但是，梭罗又在书桌里藏着一本森林生活的笔记，准备写一本新书。他在户外也感到一种新的刺激。1848年出版的首部关于新英格兰植物学的书，激发了他对植物研究的新的热情。那年秋天，他每天至少步行四个小时，细羊毛帽子里塞满了紫菀（wǎn）和一枝黄花。

8月25日
在河水泛滥后的草地上蹚水

8月29日
听到老鹰在云端尖叫

8月31日
除了乌鸦，鸟类很少

他不带午饭，而是摘些野果充饥。如果在书桌旁吃饭，第一个掉落的苹果酸得“能让松鸦发出尖叫”。但是在轻装的徒步旅行中，它的味道却香甜可口。梭罗说应该在野苹果上贴一个“宜在风中食用”的标签。

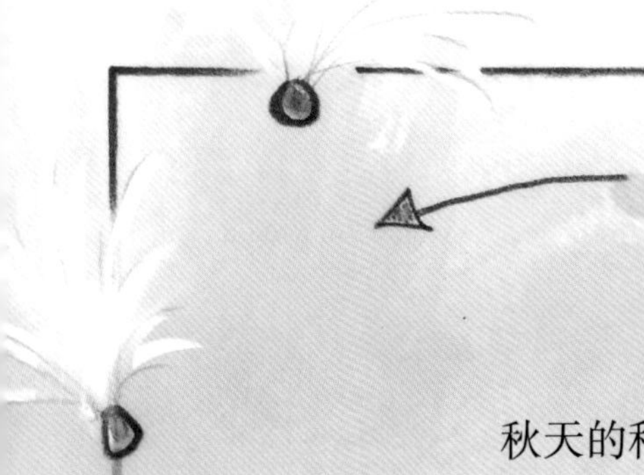

乳草籽

秋天的种子尤其让梭罗着迷。

灰松鼠

蓟花的种子把金翅雀从树上吸引下来，松鼠埋下的橡果将长成一片新的森林。

对种子的研究使梭罗开始质疑阿加西斯教授。阿加西斯教授说动植物的物种永远不会改变，最初是什么状态，就会一直保持那种状态。梭罗感到疑惑：如果不是为了乘风飞翔，枫树种子为什么要长出翅膀呢？

9月初 看见信鸽吃橡果

9月4日 看见飞行的蚱蜢

9月6日 葡萄成熟散发的芳香

当梭罗看到一个乳草荚，就知道荚里长着扁平的棕色种子，每粒种子都有自己丝绸般的降落伞。荚裂开后，数百颗乳草籽飞舞到空气中，越飞越高，争取来年有机会存活。整个夏天，乳草都在培育种子，按梭罗的说法，在完善“对未来春天的……一个预言”。

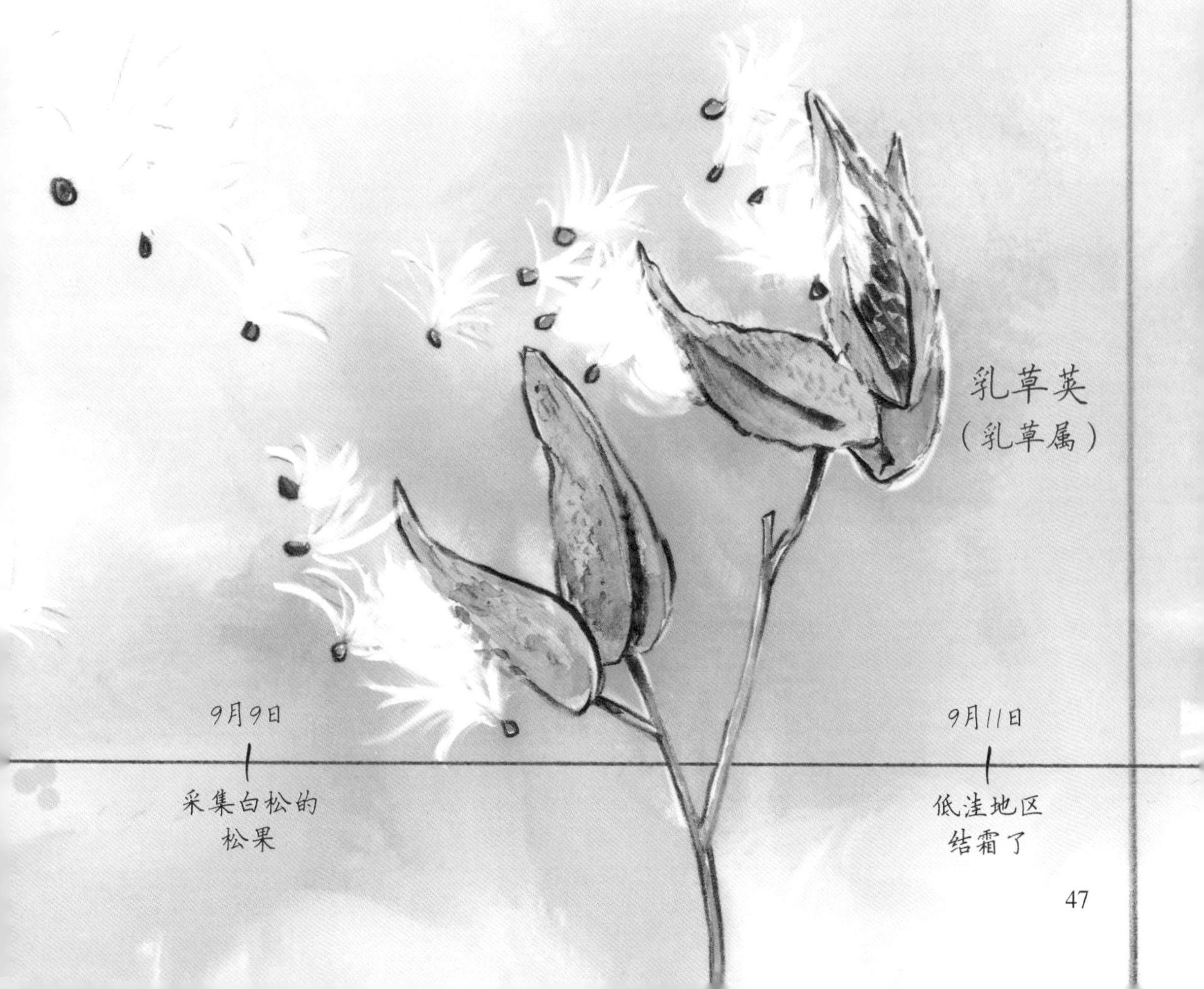
乳草荚
（乳草属）
9月9日
采集白松的
松果
9月11日
低洼地区
结霜了

一则1851年的波士顿地区告示

警告！

波士顿的所有有色人种，在此谨向你们发出警告和忠告，要避免与波士顿的夜巡人员和警察交谈。因为根据市长和市议员的最新命令，他们有权充当绑架者，抓捕奴隶。

实际上，他们已经受雇从事绑架、抓捕和关押奴隶的工作。因此，如果你珍视你的自由和你们当中逃亡者的安康，要尽一切可能保护他们，因为有那么多猎犬都在追踪你们种族中最不幸的人。

睁大眼睛，时刻警惕绑匪。

睁大眼睛，时刻警惕绑匪。

1851年4月24日

1851年9月30日，一位脚痛的男人来到梭罗的门口。亨利·威廉姆斯从奴隶制的弗吉尼亚州逃出来，暂住波士顿——那里自1783年起即判蓄奴为非法。

索菲娅·梭罗

但是，一个捕奴者盯上了威廉姆斯。1850年的美国《逃奴追缉法》要求将他归还给其合法主人，因此威廉姆斯再次逃亡，逃到了梭罗在康科德的家附近的一个地下火车站（这是帮助黑奴逃出南方的秘密渠道。——译者注）。

梭罗全家人一起掩护这位不速之客，同时筹钱给他购买了一张去加拿大的火车票。

9月15日 看到很多信鸽

9月20日 寒霜冻死了甜瓜和最后的蟋蟀

9月22日 第一批红枫叶变成了深红色

梭罗的母亲辛西娅·邓巴·梭罗的剪影

海伦，梭罗的姐姐

当威廉姆斯后来被问及是怎样逃出来时，他说他跟着星星和电报线，一路向北，奔赴自由。

第二天早上，梭罗冒着再次坐牢的风险，开车送威廉姆斯先生去火车站。在一个野雁南飞的季节，一个黑人为了逃离自己的政府而北上。

加拿大雁飞向南方

由此，梭罗更加满腔义愤地反对美国南部州的奴隶制。

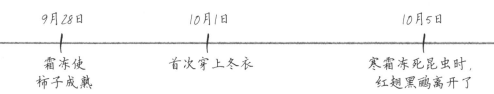

9月28日 霜冻使柿子成熟

10月1日 首次穿上冬衣

10月5日 寒霜冻死昆虫时，红翅黑鹂离开了

树上的叶子
掉落了一部分。

10月是梭罗一年中最美好的日子。干净凛冽的空气涤荡着他的肺，他踏着落叶，在嘎吱嘎吱的响声中步子迈得更大了。

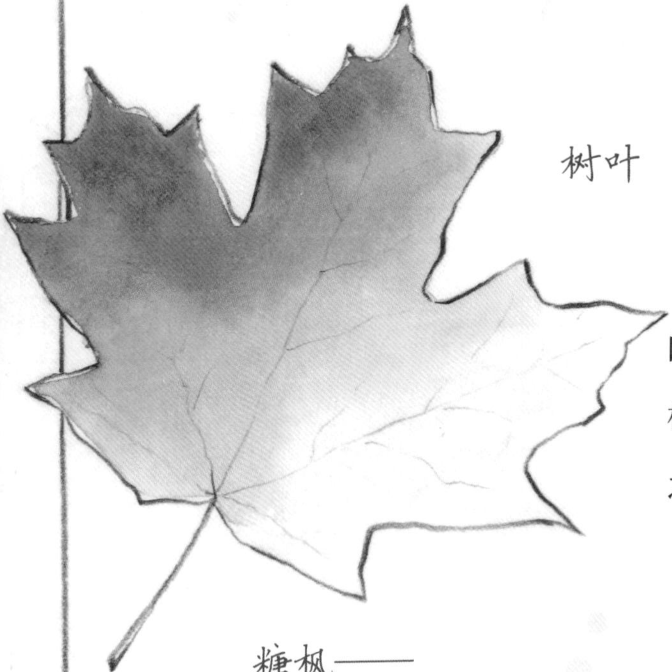

梭罗在19世纪50年代的笔记中，记录了不同山丘上枫树变红的精确时间，并对橡树、枫树、栗树和桦树的“千般色彩”发出赞美之词。

糖枫——
秋天树叶变成深红色、橙色和黄色。

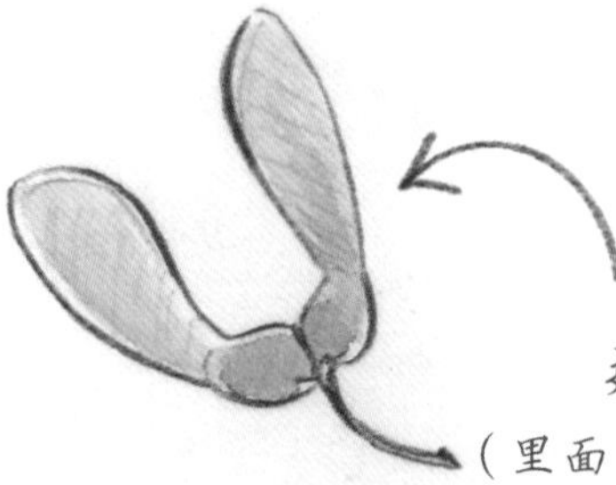

翅果
（里面包着种子）

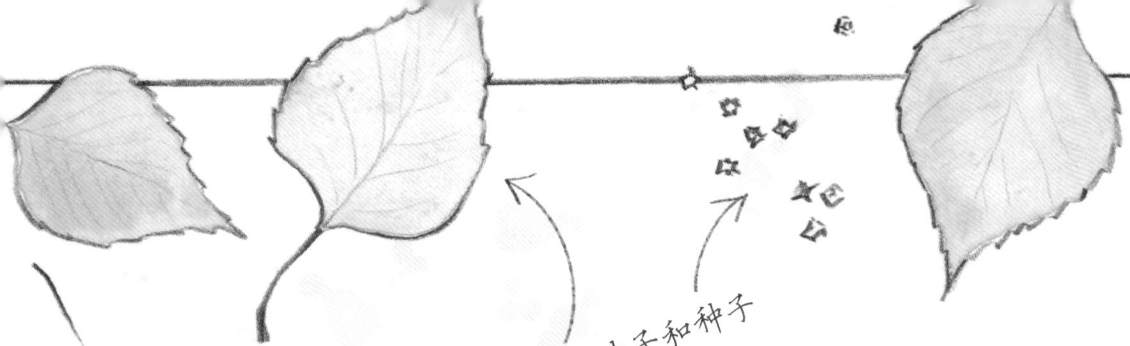

白桦树的叶子和种子

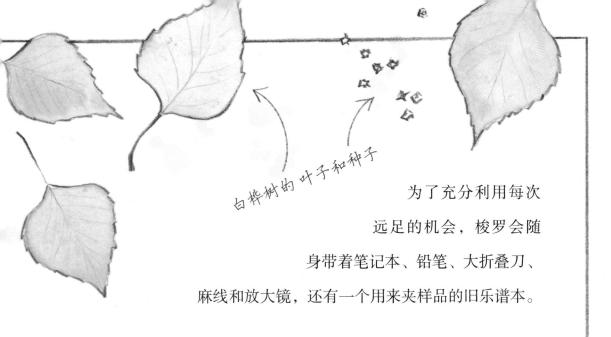

为了充分利用每次远足的机会，梭罗会随身带着笔记本、铅笔、大折叠刀、麻线和放大镜，还有一个用来夹样品的旧乐谱本。

看到梭罗经过，农民们都会高兴地跟他打招呼。他会为又一个夏天的逝去、为脚边的落叶感到难过吗？在梭罗看来，枯黄的树叶提醒着我们自然的循环、生命的更新延续。“我们都因它们的衰败而更加兴旺。”

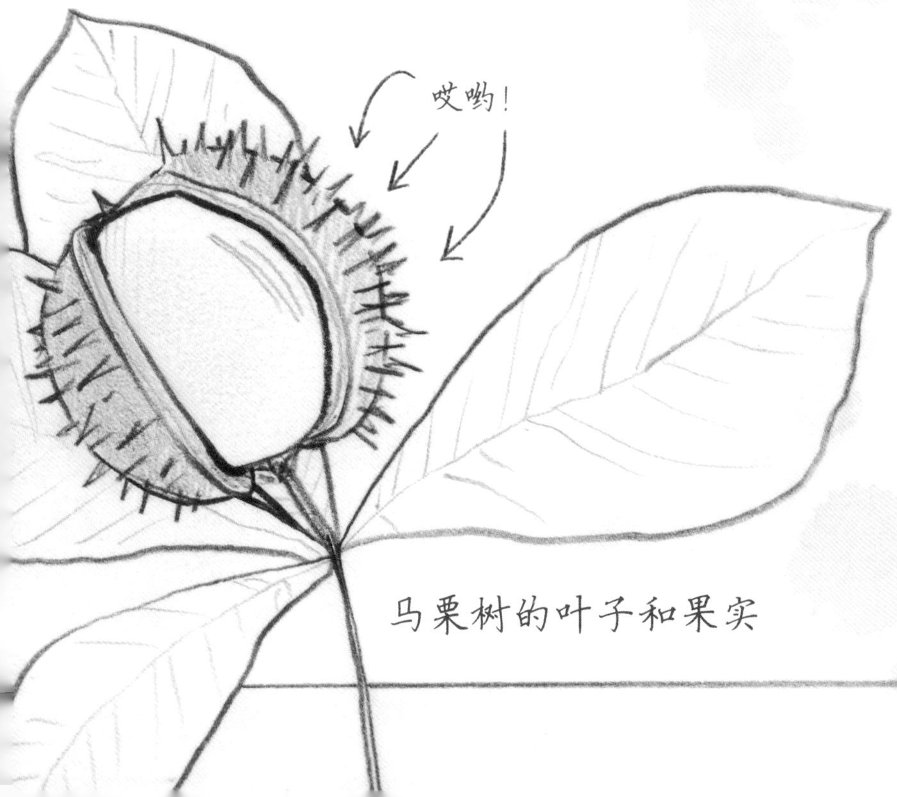

马栗树的叶子和果实

（在梭罗那个时代，康科德周围的大多数美国栗树都被砍伐成了木材。后来，一场病虫害夺去了余下栗树的生命。）

《瓦尔登湖》于1854年出版，备受评论家推崇。有人说它是“一本勇敢的书”，有人说它是“一束来自荒野的鲜花”。然而书推出后销量平平，写作仍然无法支撑梭罗的开销。

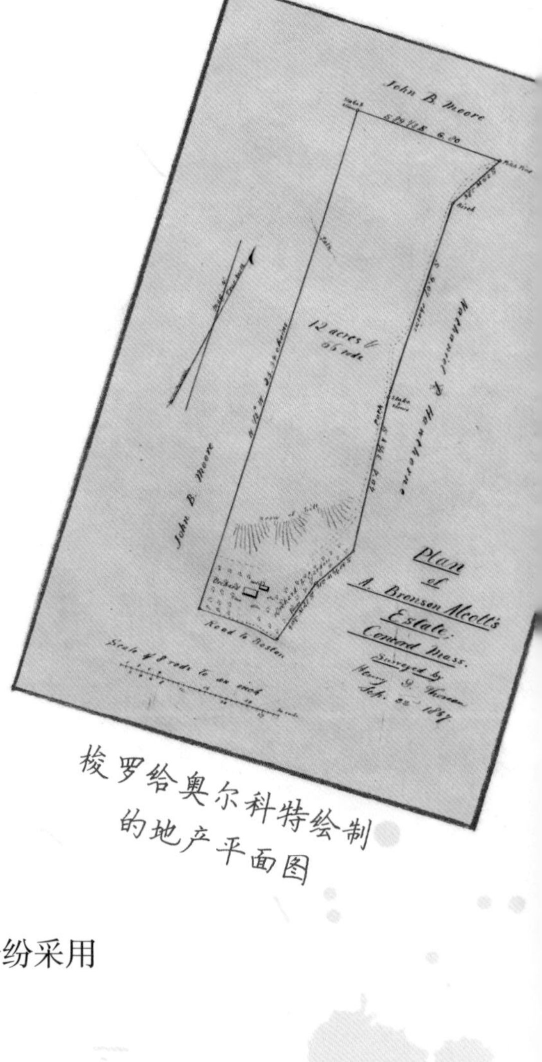

梭罗给奥尔科特绘制的地产平面图

梭罗开始从事一门新行当：土地测量。他用指南针和铁链测量农田和林地、道路和围栏。他精确的测量为他在小镇上赢得了尊重——那些为划界而争吵的邻居，纷纷采用梭罗的测绘图来化解纠纷。

10月7日
落叶倒映在瓦尔登湖的涟漪里

10月9日
金缕梅开花，散发出春天般的气息

10月11日
松鸦在吃成熟的栗子

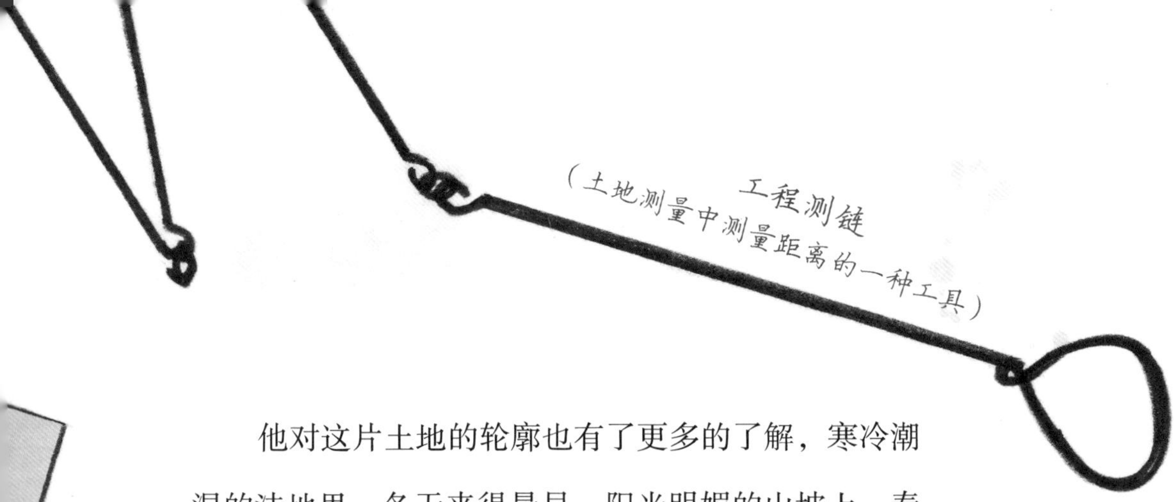

他对这片土地的轮廓也有了更多的了解，寒冷潮湿的洼地里，冬天来得最早；阳光明媚的山坡上，春色最先回归。

但是这些工作使梭罗觉得乡村失去了原始风貌，让他感到如鲠在喉。他在每个季节**看到、听到、闻到和品尝到自然气息的地方**，都变成了纸上画的精确到毫米粗细的线条。

漫无目的的游荡教给了他更多东西。梭罗写道，“直到迷失方向时，我们才开始寻找自己……”

10月14日
日白湖上的黑鸭

10月15日
湖水结冰

住在家里的时候，梭罗每天都在母亲做的美食中品尝到秋收的味道。尽管餐桌旁坐着投宿者，家中不能谈论地下火车站的事情，但谈话依然很热烈。晚餐后，梭罗会在炉子上烤爆米花招待大家。

即使在寒冷的10月，康科德街道上的糖枫树依然绿意盎然。梭罗认为，秋天的树叶比颜料盒更适合教孩子们辨别颜色。

在日记中，梭罗感谢小镇的开创者们为树木保留的空间。在广场上，哪怕最穷的孩子也能享受秋天的馈赠。他想，每个城镇都应该有一个绿树成荫的公园。“在金秋的收获中，所有的孩子都可以尽情陶醉。”

马萨诸塞州康科德镇的
中部地区

J.W.巴伯 绘
J.D.伍斯特 雕刻

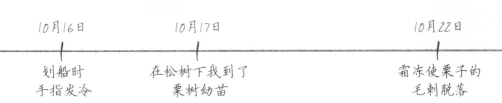

10月16日

划船时
手指发冷

10月17日

在松树下找到了
栗树幼苗

10月22日

霜冻使栗子的
毛刺脱落

灶巢鸟
（又名烤箱鸟）

像其他作家一样，梭罗会长时间坐在书桌前。不写作的时候，他会一遍又一遍地阅读他最喜欢的书，如查尔斯·达尔文的《小猎犬号航海记》。

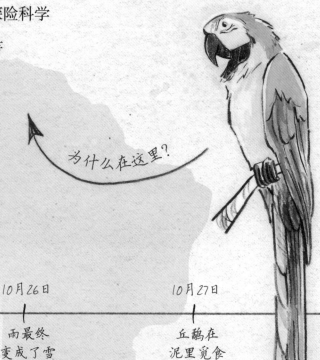

达尔文在为期五年的探险途中，最喜欢的是一位早期探险科学家亚历山大·冯·洪堡的著作。梭罗也很喜欢洪堡的作品，尤其是多卷本的《宇宙》。

蓝黄金刚鹦鹉
（又名琉璃金刚鹦鹉）

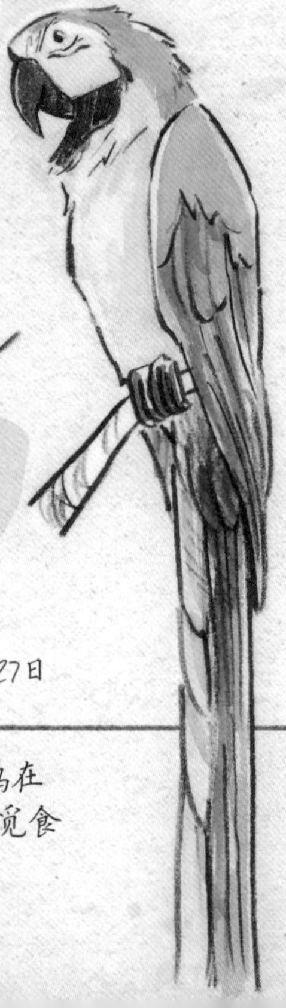

为什么在这里？

10月24日	10月26日	10月27日
鲜红的高丛蓝莓叶子	雨最终变成了雪	丘鹬在泥里觅食

洪堡的所有探险——从南美的热带雨林到俄罗斯的大草原——都在试图发现复杂的世界是如何和谐运转的。洪堡说，《宇宙》是他为了发现“多元一体”所做的写作尝试。

梭罗在19世纪50年代的探索越来越像洪堡。他徒步数小时，探究为什么橡树和灶巢鸟可以在康科德存活，而棕榈树和鹦鹉却不行。他每天都在问：“为什么偏偏是我们看见的这些事物构成了一个世界？”

10月29日 松鸦在收集橡果

10月31日 臭菘花仍然长着绿叶

11月1日 我划船经过麝鼠的小屋

此时，春天

造访过我们的鸟儿

又回到温暖的国度去了，

它们知道

冬天即将到来。

多年来，梭罗坚持不用望远镜观察景物。他想用自己原始的感官去看。但到了1854年，他买了一台望远镜用于观鸟。

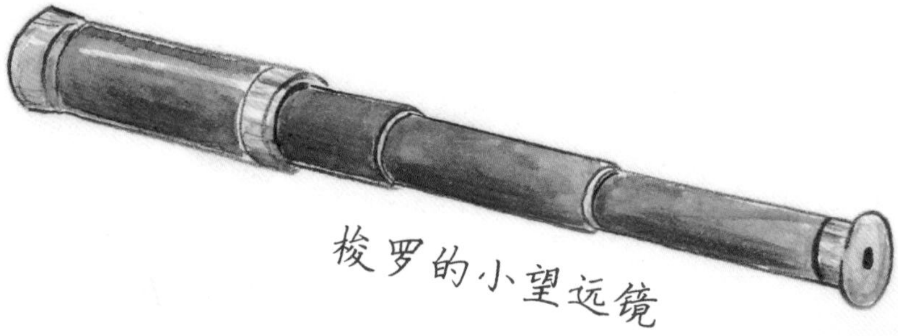

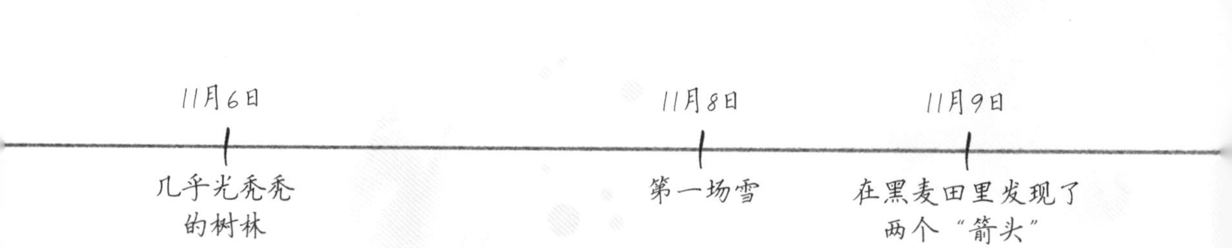

用小望远镜观鸟！
松雀

梭罗年轻时为了研究而打鸟；现在他对着天空调节焦距。他手持一台望远镜，持续观察，从当年最后一批黄林莺离去，到第一批冬雀到来。

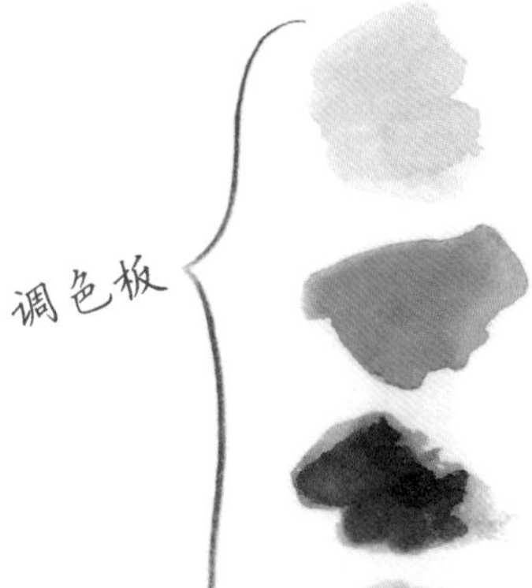
调色板

梭罗开始质疑一些科学考察的做法。一条泡在酒精里的死黄鲈会像瓦尔登湖里的活鲈鱼一样给人带来启示吗？

作为一名作家和博物学家，小望远镜帮助他接近自己的目标，了解身处自然环境中的鸟类。“如果可能的话，我想离我的邻居更近一些，以便更了解它们。”

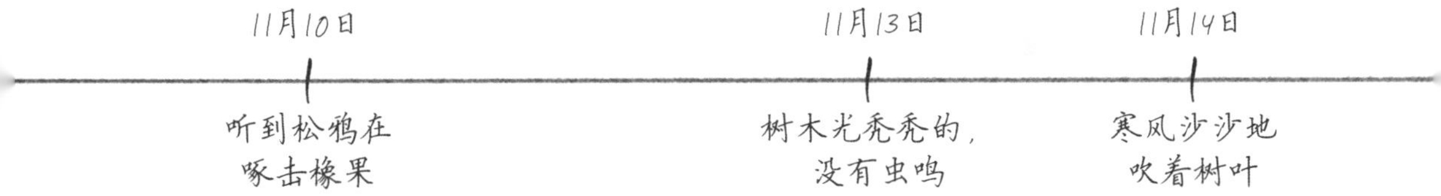
11月10日
听到松鸦在啄击橡果
11月13日
树木光秃秃的，没有虫鸣
11月14日
寒风沙沙地吹着树叶

不管走到哪里，望远镜都为梭罗提供了新的视角。

一场早霜过后，他穿上厚大衣，爬上一座小山，俯瞰瓦尔登湖。他吃惊地发现，湖面在夜里结了一层薄薄的冰。这是那年第一次结冰。

“我们在风景中所见到的美，和我们期待欣赏的一样——并没有丝毫之差。”

穿着厚大衣的梭罗，朋友丹尼尔·里基森绘于1854年

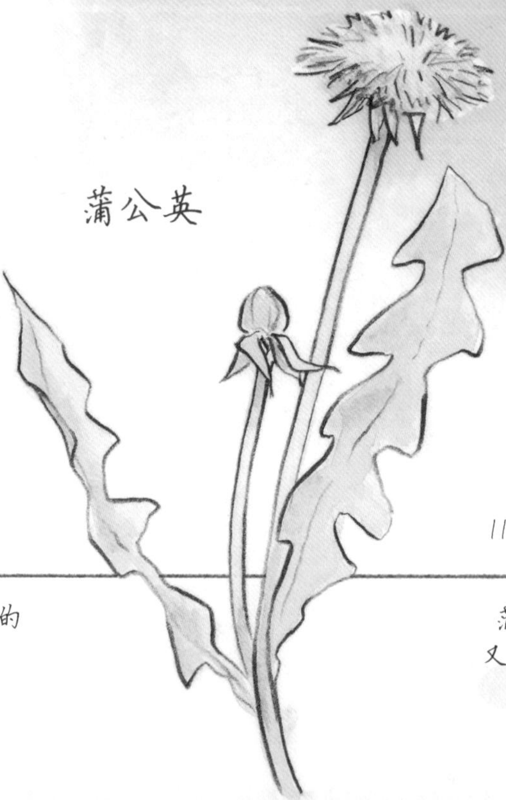

蒲公英

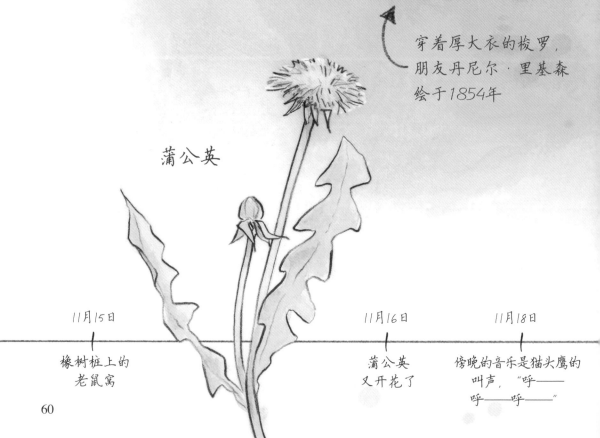

11月15日 橡树桩上的老鼠窝

11月16日 蒲公英又开花了

11月18日 傍晚的音乐是猫头鹰的叫声，“呼——呼——呼——”

（旅鸽于1914年灭绝，人类为了食肉和娱乐，将其射杀。）

旅鸽

美洲栗树的树桩*

* 美洲栗树的果实曾养活过大量的旅鸽。

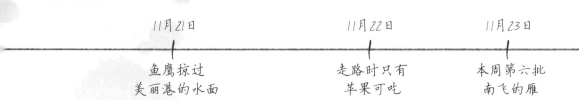

11月21日	11月22日	11月23日
鱼鹰掠过美丽港的水面	走路时只有苹果可吃	本周第六批南飞的雁

1857年，梭罗把小望远镜放入行囊，开始了最疯狂的冒险之旅。梭罗和他的好友爱德华·霍尔乘火车去缅因州的森林探险。他们的向导是一个皮纳布斯高族的印第安老者，名叫约瑟夫·波利斯。

他们乘坐波利斯手工制作的桦树皮独木舟，经过散发着杉木香味的岛屿，颠簸着冲过怪石嶙峋的激流。水浅的地方，人需要下船在齐膝深的冰冷泥浆里拖船而行，这考验着三个人的毅力。

11月24日

在阳光温暖的地方，我摘了一朵金凤花

11月25日

寒风凛冽，冰封大地

梭罗和爱德华在傍晚的篝火旁取暖，听约瑟夫讲森林里的故事，他常年都在森林里居住。听到皮纳布斯高族人对各种动物的叫法，以及植物各种难以想象的用途，梭罗觉得自己还有很多东西要学。

约瑟夫·波利斯，
皮纳布斯高族印第安人
长者和向导，1842年

这次旅行也提醒梭罗，他是大自然的“重要部分”，但更属于他的家乡。“在拉布拉多的荒野里，我永远感受不到在康科德某些地方的那种狂野。”

他的下一个伟大实验将在他生活了大半辈子的地方开始。他能给一只只鸟、一朵朵花、一片片叶子分类，去做一本指南——《康科德自然观察大事记》（后简称《大事记》或《自然观察大事记》）——来记录一年中的自然事件吗？

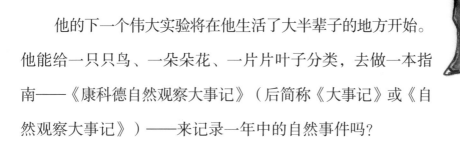

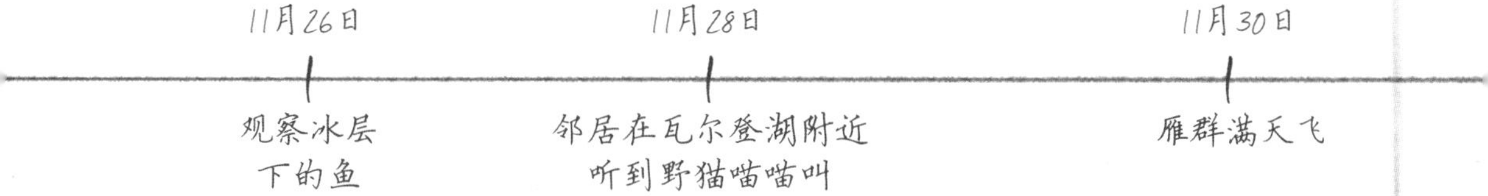

接着，

冬天来了。

这时我们看到

地面被积雪覆盖，

树木光秃秃的。

水獭在雪地里嬉戏!
北美水獭

那些质疑梭罗在夏日闲逛、追寻野花的人们，一定认为在冬天徒步旅行是彻底的怪异之举。

但是，在戴手套出门的日子里，可供发现的东西并不比其他时候少。梭罗数了橡树树桩上的年轮，研究它们的生长情况，还测量了发芽的松树苗与母树之间的距离。

在一棵光秃秃的柳树上，他找到了一个黄林莺的窝，知道黄林莺在里面铺了一层乳草。

12月1日
砍下山核桃树
数年轮

12月2日
第一只小白腰
朱顶雀

12月3日
数年轮时
患了重感冒

小白腰朱顶雀
（又名小红雀）

有时，梭罗追踪狐狸，或在结冰的康科德河上滑冰，只是为了好玩儿。而当邻居们走到室外时，他就向他们展示奇迹。“你们可以在水上行走，所有这些小溪、河流和池塘都是你们的康庄大道。”

梭罗的手杖——用来测量积雪深度

12月4日
狂风吹得
房屋直摇晃

12月5日
桦树银装素裹

市民们会冒着严寒去康科德演讲厅听讲座。阿加西斯教授、西奥多·帕克牧师，以及康科德的著名哲学家拉尔夫·沃尔多·爱默生，都曾在座无虚席的礼堂里发表演讲。

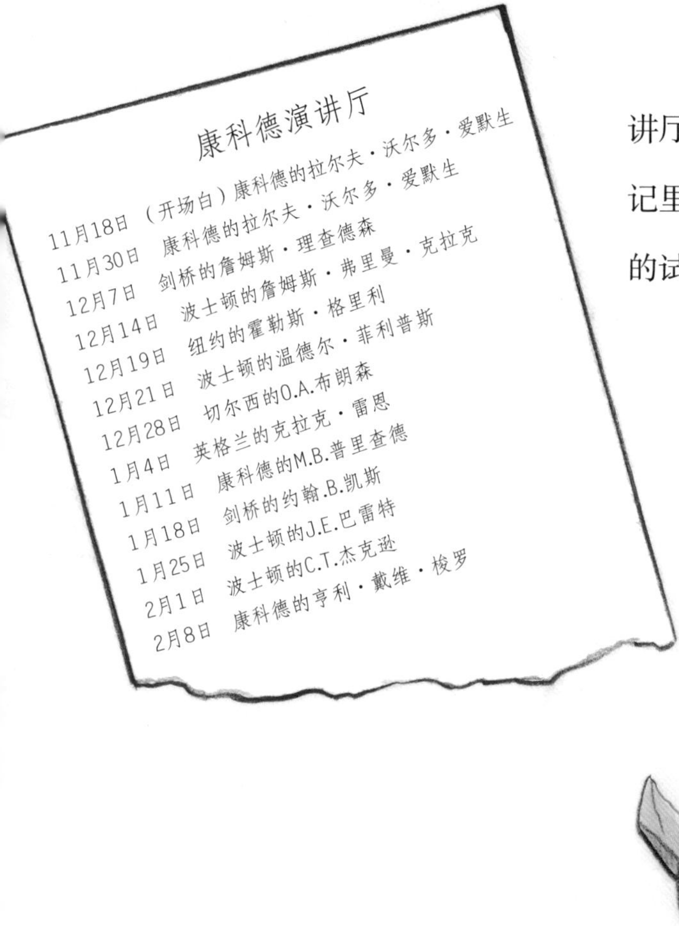

康科德演讲厅

11月18日 （开场白）康科德的拉尔夫·沃尔多·爱默生
11月30日 康科德的拉尔夫·沃尔多·爱默生
12月7日 剑桥的詹姆斯·理查德森
12月14日 波士顿的詹姆斯·弗里曼·克拉克
12月19日 纽约的霍勒斯·格里利
12月21日 波士顿的温德尔·菲利普斯
12月28日 切尔西的O.A.布朗森
1月4日 英格兰的克拉克·雷恩
1月11日 康科德的M.B.普里查德
1月18日 剑桥的约翰.B.凯斯
1月25日 波士顿的J.E.巴雷特
2月1日 波士顿的C.T.杰克逊
2月8日 康科德的亨利·戴维·梭罗

1838年2月，梭罗在康科德演讲厅做了第一次讲座，这是他把日记里的一些想法写成一篇文章之前的试讲。

12月7日

天气暖和，
荠菜开花了

到了19世纪50年代，镇上的邻居们盼着听梭罗讲述在瓦尔登湖的简朴生活，以及他与土拨鼠较量的故事。在一次关于野苹果的讲座之后，镇上一位老师评论说，听众们都被逗得哈哈大笑，这场演讲真是“充满活力”。

拉尔夫·沃尔多·爱默生

当时很少有人意识到梭罗最重要的演讲是关于他在狱中的那个黑夜。《个人与政府的权利与义务》，这一沉重的题目使一些听众望而却步；而梭罗所号召的为保护陌生人的权益做出个人牺牲，更让许多人感到反感。

文章遭受的冷遇，让冒着严寒去瓦尔登湖反倒更加温暖。一想到这个严重分裂的国家，梭罗有时会步履沉重。他问：“当人类变得卑鄙无耻的时候，自然之美又有什么意义呢？”

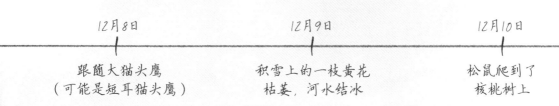

12月8日
跟随大猫头鹰
（可能是短耳猫头鹰）

12月9日
积雪上的一枝黄花
枯萎，河水结冰

12月10日
松鼠爬到了
核桃树上

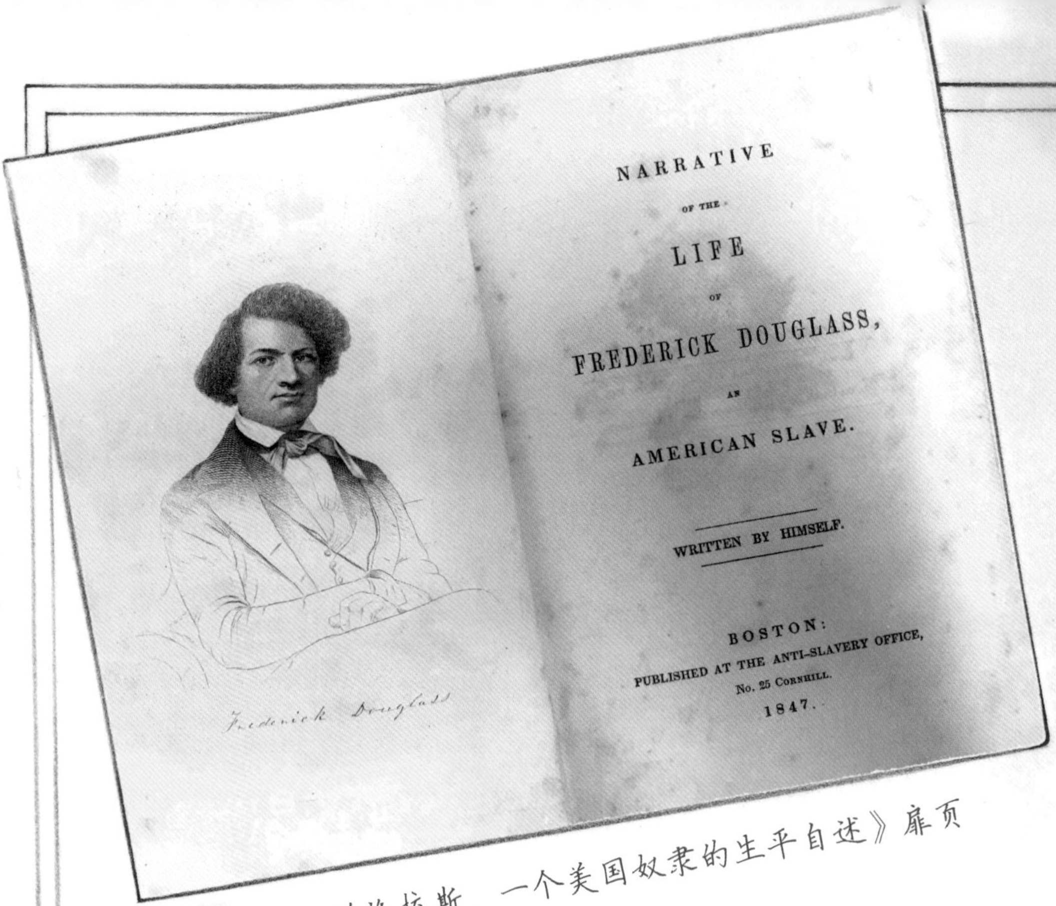

《弗雷德里克·道格拉斯，一个美国奴隶的生平自述》扉页

在风雪交加的12月，梭罗从废奴主义者——致力于结束奴隶制的民众那里获得了力量。他的母亲、妹妹，以及阿比盖尔·梅·奥尔科特和利迪安·爱默生，都加入了康科德妇女反奴隶制协会。当镇上的两所教堂禁止所谓的激进分子发表演讲时，妇女们邀请全国最有影响力的废奴主义者来参加她们的会议。

12月12日 第一批雪鹀

12月14日 第一批雪跳虫

12月15日 最后的雁群

弗雷德里克·道格拉斯是一个从马里兰州的农场逃出来的奴隶，他讲述了在那个“魔窟”里的生活往事。

充满睿智和激情的道格拉斯，让听众们感受到了他的痛苦，也感受到了他最终获得自由的喜悦——不是在树林里，而是在纽约城。“我觉得自己像一个从饥饿的狮子窝里逃出来的人。”

听到如此有冲击力的话语，人怎么会不要求改变呢？

12月18日

严寒，多风

12月20日

高丛蓝莓的
叶子依然红艳

1859年，在波士顿的一座教堂里，2500人济济一堂，聆听梭罗的演讲。尽管人群中有不少人反对他，梭罗还是坚定地为死刑犯约翰·布朗发声。

1859年10月16日，布朗领导了对弗吉尼亚州哈珀斯渡口的联邦军火库的袭击。这位激进的废奴主义者毅然挑起反对奴隶制的暴动。叛乱以废奴主义者的失败而告终，造成16人死亡，布朗和其他幸存的袭击者被美国海军陆战队抓获。

突袭哈珀斯渡口

观众席里的一些废奴主义者拒绝一切暴力，哪怕是为了这项伟大的事业。这个国家的许多人还指责布朗是一个杀人犯、一个危险的疯子。

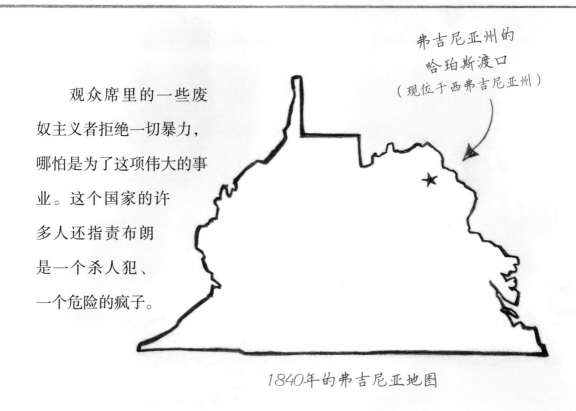

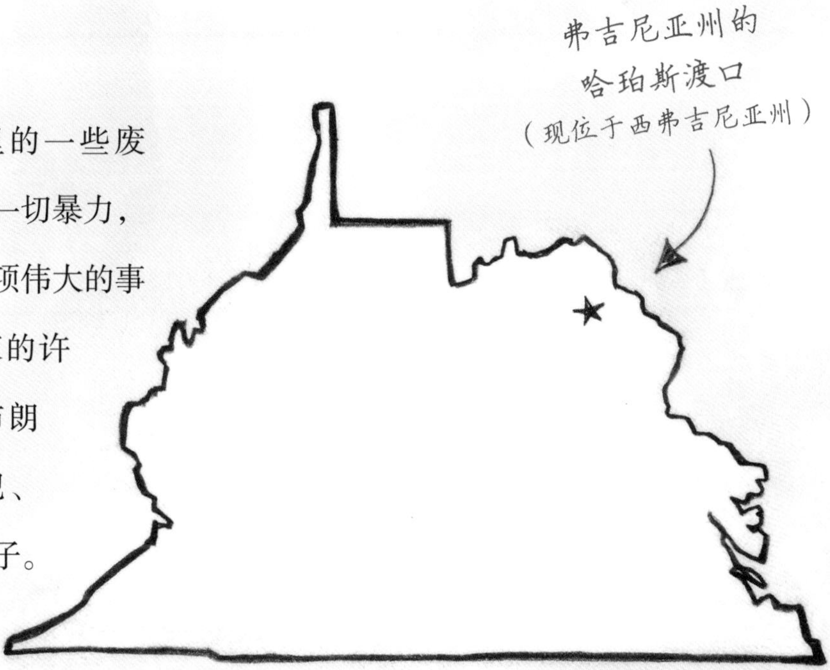

1840年的弗吉尼亚地图

梭罗也痛恨暴力，但他是第一批站出来声援布朗的人之一。梭罗用慷慨激昂的声音，称布朗是一个有原则的人，愿为结束不公正而献出自己的生命。梭罗的声音被波士顿人久久铭记。梭罗承认，确实很少有人站出来参加叛乱。但是，“什么时候好人和勇者占到大多数呢？”梭罗希望听众的公民意识能够觉醒，并投入到行动中去。

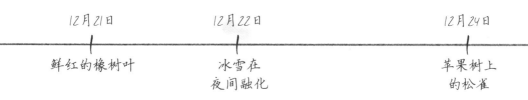

12月21日 鲜红的橡树叶

12月22日 冰雪在夜间融化

12月24日 苹果树上的松雀

天气非常寒冷，

河流和小溪都结冰了。

小雪过后，梭罗时常会穿上冰鞋，在河面上滑冰。没有树叶的沙沙声，也没有昆虫的嗡嗡声，梭罗在水晶般的静谧中找到了安宁。

他滑冰经过时，积雪的河岸会透露一些暗藏的秘密。地上有羽毛，却没有狐狸的痕迹，极有可能是一只老鹰抓走了一只鹌鹑；一只麝鼠在追逐冰下时隐时现的鱼。这都在暗示着梭罗，留意那些他仍然知之甚少的野生生物。

山齿鹑（又名北美山齿鹑）

他在农夫的阁楼上发现的雪鞋，是另一个秘密的线索——康科德几十年前的冬天一定比现在更冷，这些树林里的阿尔冈昆人是不是遇到了更凛冽的寒风和更深的积雪？

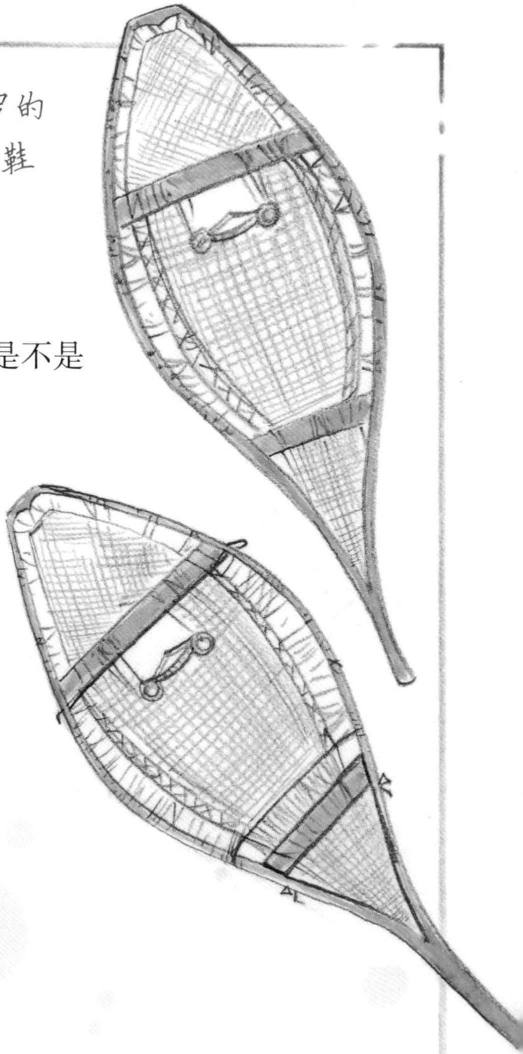
梭罗的雪鞋

麝鼠（又名麝香鼠）

到1859年，梭罗已经积累了近10年关于康科德四季的详细笔记，但他提出的问题都没有明确的答案。他仍然不停地记录着。

“地球不只是逝去历史的一个碎片，”他写道，“而是有生命的诗歌，就像一棵树的树叶，在花朵和果实之前出现——它不是一个化石地球，而是一个活生生的地球。”

在全国各地，围绕奴隶制的紧张局势不断加剧，而在1860年元旦，梭罗又遭遇了另一种思想震撼。在一次晚餐会上，他大声朗读了查尔斯·达尔文《物种起源》的新书样书，当时在座的还有布朗森·奥尔科特和另外几位当地的思想家。

达尔文《物种起源》
新书样书

12月25日 在河上滑冰 去美丽港

12月26日 猎人追踪麝鼠

这本书挑战了上帝创造人类和自然并使其永恒不变的信念，在维多利亚时代的社会中掀起了轩然大波。也许书中更令人震撼的是，达尔文认为是物种之间的生存竞争决定了物种的存在或灭绝，并推动了地球上的创造性变化。

在接下来的几个星期里，梭罗重读了这本书，抄写了大量需要记住的内容。他更加勤奋地研究树木和其他植物，认识到“大自然中存在着更强大的力量”，它“更灵活、更包容”，而这都多亏了达尔文带来的思想革命。这个新的理论，证实了梭罗本人在《瓦尔登湖》中的一个令人欣喜的洞见：“宇宙比我们所看到的要宽广得多。”

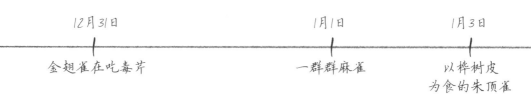

12月31日 金翅雀在吃毒芹

1月1日 一群群麻雀

1月3日 以桦树皮为食的朱顶雀

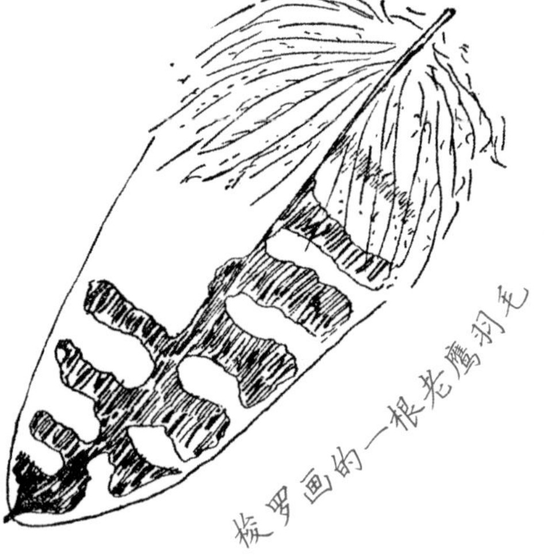

“冬天有一个紧密而饱满的果核，只要你知道去哪里寻找。”梭罗说。他在深深的雪地里跋涉数千米，去看望自己最喜欢的树木，就像赴老朋友的约会一样。

读达尔文的《物种起源》，为梭罗的《大事记》计划注入了新的动力。他挨着柴炉，从自己的日记和零散的野外笔记中，寻找康科德四季变化的最小细节。

但仅仅把多年的笔记进行分类，就是一项巨大的工程，更何况还要对这些笔记进行整理和分析。

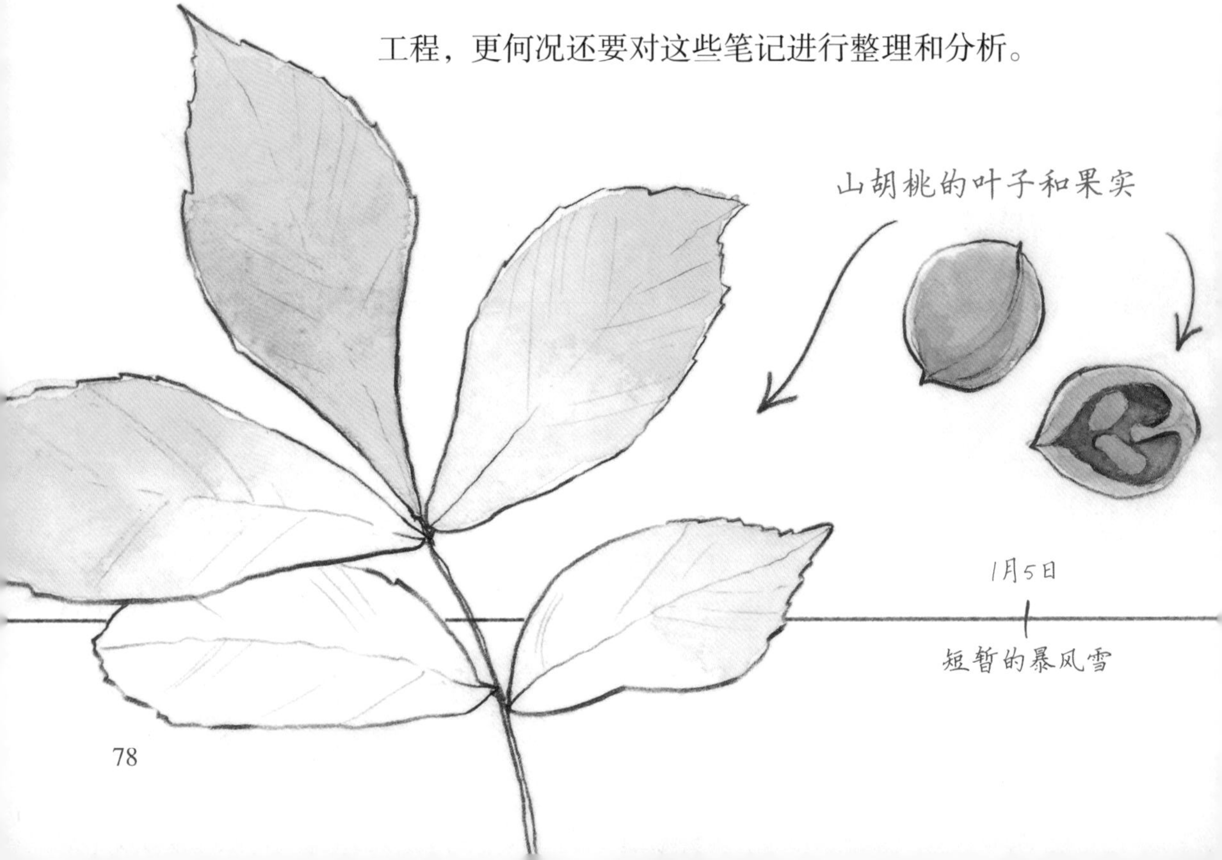

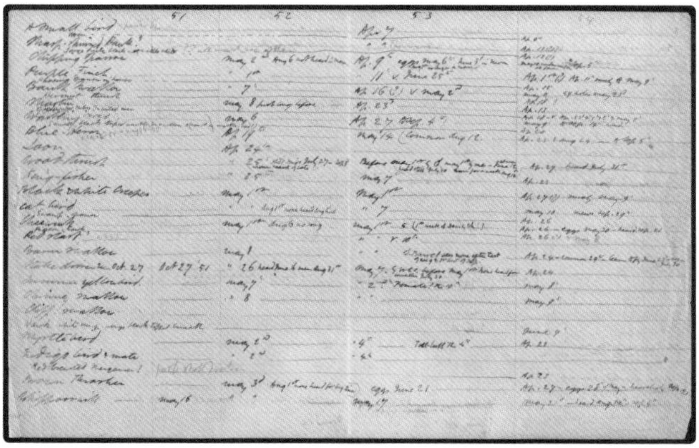

梭罗的鸟类物候图

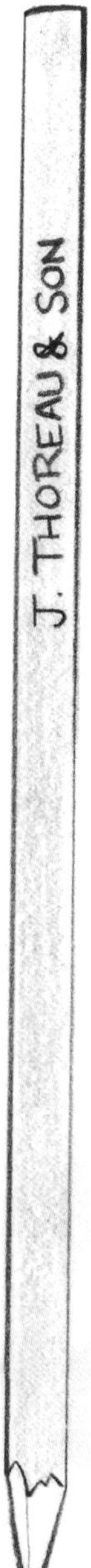

在报纸大小的纸张上，梭罗记下了从1851年到1860年每年数千小时的观察结果，一行一列写得整整齐齐。1861年冬天，剧烈的咳嗽使得他经常困守家中。顶楼的房间像他在瓦尔登湖的住所一样简朴，梭罗在这里仔细研究那些记录，关于鸟儿在春天飞临、夏天筑巢，关于第一批开放的花朵和成熟的果实，关于昆虫的鸣叫，以及关于冰的融化和结晶。

但一个问题困扰着他：《大事记》完成后，会揭示出什么规律？是什么一环扣一环地构成了如此丰富的整体？

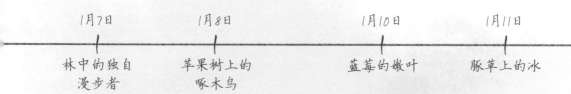

1月7日 林中的独自漫步者

1月8日 苹果树上的啄木鸟

1月10日 蓝莓的嫩叶

1月11日 豚草上的冰

什么也看不见。

清晨，

没有鸟儿为我们歌唱。

我们只听到

雪橇的铃铛声。

1月20日
听不到鸟和
昆虫的鸣叫

1月25日
人们在瓦尔登湖
的冰面上垂钓

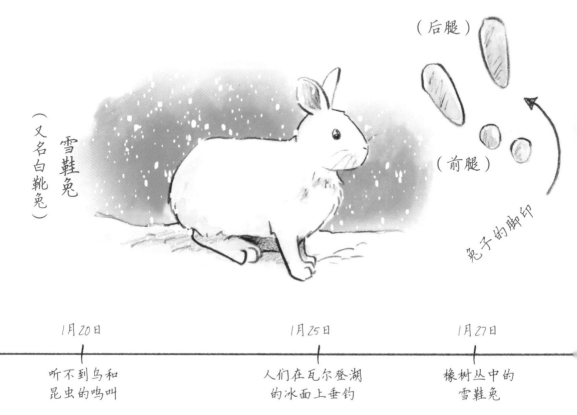

1月27日
橡树丛中的
雪鞋兔

如果梭罗对繁杂的整理工作有遗憾，那只能是他没有早点儿开始观察和记录。他写道：“你要花上半辈子的时间才能找到最早开放的花。”

随着咳嗽的加剧，家人担心他罹患了导致姐姐海伦死亡的那种病：肺结核。但是梭罗从不为疾病浪费心思。在他看来，死亡之谜是另一个自然事件，是通往重生的一条路径。梭罗写道，“一个生命的逝去，是为另一个生命腾出空间。”阁楼里如羊毛般温暖，他一如既往地渴望闻到春天沼泽地里臭菘花的气息。他知道积雪下面每一个地方都有种子正在孕育发芽。

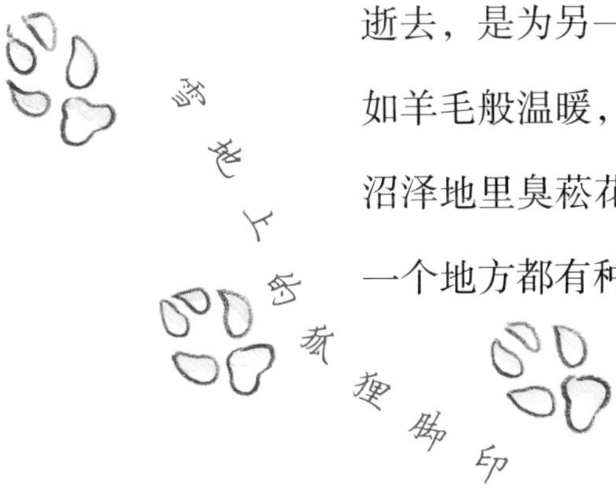
雪地上的狐狸脚印

“我对每一粒种子都充满信心。”梭罗告诉每一个在黑暗和寒冷中灰心绝望的人，“让我相信你心里有一粒种子，我已经准备好迎接奇迹。”

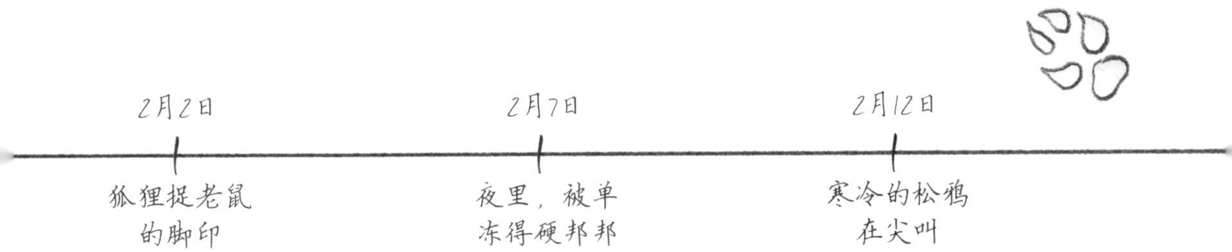
2月2日
狐狸捉老鼠的脚印
2月7日
夜里，被单冻得硬邦邦
2月12日
寒冷的松鸦在尖叫

1861年4月12日，美国内战的第一枪打响了。一个星期后，康科德40人的国民自卫队也投入了战斗。梭罗的朋友路易莎·梅·奥尔科特也是一位作家，她说：“每个人都被激情点燃，心潮澎湃。”但是战争持续了很久，梭罗没能活着听到1862年9月22日《解放黑人奴隶宣言》的宣读。这部宣言于1863年元旦正式生效，为美国废除奴隶制奠定了基础。在生命的最后几个月，梭罗发表了几篇由妹妹索菲娅协助润色的文章。朋友和家人到病房看望他，带去康科德最新开放的花朵，或告诉他候鸟回归的消息。《自然观察大事记》需要别人来完成了。1862年5月6日早晨，亨利·戴维·梭罗与世长辞。

2月18日
蓝知更鸟还没有歌唱

2月19日
积雪绵延数千米

2月24日
第一只蓝知更鸟鸣叫了

梭罗银版相片

本杰明·D.马克沙姆摄，

1856年

梭罗的《康科德自然观察大事记》

诗人收集的事实，最终成为真理的种子被记录下来。

——《梭罗日记》，1852年6月19日

当亨利·梭罗打算独自一人住在瓦尔登湖的树林里时，一个朋友问他："你会在那里做什么？"

梭罗回答："观察四季的变化，这还不够吗？"

这些观察，成为亨利·梭罗的杰作《瓦尔登湖》和其他作品的灵魂。在梭罗的时代，生物气候学——研究植物开花和鸟类迁徙等自然事件的发生时间的学科——很少引起人们的兴趣。写作为梭罗赢得了名声。他那篇关于入狱抗议奴隶制的檄文《论公民的不服从》，激励了马丁·路德·金和数百万人与不公正作斗争。他的简朴生活、亲近自然的理念，使他成为一位深受爱戴的环保运动的创始人。但是，梭罗从1851年到1860年间的700页生物气候学记录，却被当成枯燥乏味、毫无意义的资料束之高阁。

2003年，自然保护生物学家理查德·普里马克想调查全球气候变化对他的家乡马萨诸塞州造成了什么影响。梭罗那些泛黄的观测文件，那一栏栏列出的19世纪50年代康科德的花开日期，成为这项重要调查的基础。

普里马克博士和同事们开始在康科德周边循着梭罗的足迹，寻找梭罗曾研究过的那些植物，希望能再次捕捉到它们首次开花的景象。遗憾的是，梭罗欣赏过的本土花卉，大约有1/4已经灭绝。不过，生态学家们持续寻找，发现了足够多的植物并记录它们开花和长出新叶的情况，同时——在电脑的电子表格里——记录春天鸟类到达的日期，与梭罗150年前的观察结果进行比较。

经过10年汇编和分析得到的一系列数据，显示了康科德自19世纪50年代以来的惊人变化。例如，高丛蓝莓等灌木和苹果树的开花时间，可能比梭罗观测的提前了四周。大多数被研究的鸟类仍然在相同日期到达马萨诸塞州，但黄林莺和另外几种鸟来得更早一些。平均而言，2013年，康科德周边的乔木和灌木比梭罗时代提前两周长出叶子。而这些巨变的发生，在地球历史中只是一瞬间。

这项比较研究还有许多有待发现的东西。开花和出叶提前，会对植物的健康和育种能力造成什么影响？树叶早早萌出，会遮挡森林中野花的阳光吗？依赖于各种植物的野生动物，会适应这些变化吗？它们的关系会减弱或破裂吗？随着气温不断上升，哪些植物能够适应，哪些会由此消亡？在一个相互关联的生态共同体中，一个变化可能会破坏复杂关系网的许多部分，打断已经进化了千百万年的连续性。

解答这些问题的第一步是收集更多的信息。如果我们每个人都成为一名公众科学家，每天观察周围的植物、鸟类、昆虫和其他野生动物，我们收集的数据将有助于我们了解自然界并且保护它。

梭罗没有来得及完成他的《康科德自然观察大事记》，但由于这些资料的重新发现，以及越来越多的生物气候学家、生态学家、教育家和社区博物学家的努力，“诗人收集的事实，最终成为真理的种子被记录下来”。

梭罗与气候变化

亨利·戴维·梭罗亲身观察到气候随着时间而变化。为了研究不同时期的季节变化，他从家人和邻居那里收集昔日新英格兰冬天的故事。他的母亲回忆说，1816年夏天出现霜冻，摧毁了家族农场和欧洲部分地区的庄稼。科学家们后来查明，一次巨大的火山喷发产生的火山灰，遮挡住了阳光，使大气冷却，导致“那一年没有夏天”。

马萨诸塞州岩石山顶上的沟槽则证实了地质学家路易斯·阿加西斯19世纪30年代的理论，即冰盖曾经覆盖了地球的大部分地区。后来的地质学家们还发现，几次大的冰河时代塑造了我们所熟知的这个地球。自然气候变化的种种迹象，增强了梭罗的信念：地球是有生命的，是一个充满无限乐趣和魅力的动态系统。

今天的气候学家知道，人类活动也会导致气候变化。自梭罗时代以来，森林砍伐、畜牧业生产、泥炭地排干，特别是煤炭、石油、甲烷和其他碳基燃料的燃烧，导致地球平均温度上升了1摄氏度以上。

19世纪50年代，当梭罗收集生物气候学的数据时，业余化学家尤妮斯·富特测试了阳光对不同气体的影响。她发现二氧化碳会吸收热量，于是假设大气中超量的二氧化碳会使地球变热。然而，就像梭罗的季节性观察一样，富特的实验也在很大程度上被忽视了。

如今，导致气候变化的证据已是不容忽视。极地的冰正在融化，野火燃烧的时间更久，温度更高，海平面上升导致城市在大晴天也会洪水泛滥，珊瑚礁因水下的热浪而死亡。野生动植物与人类——尤其是穷人和弱势群体——正面临危险。观察、记录自然的梭罗会对那些怀疑事实的人们无奈地摇头。而对那些想迅速找到答案的人，他现在可能会说："如果时间紧迫，你们就不能再浪费工夫了。"

你自己的大事记

据我所知，没有一个人观察过季节的细微差别。几乎没有两个夜晚是一样的……一本关于季节的书，每一页都应该在属于它的季节里，在户外，在它的本乡本土书写。

——《梭罗日记》，1852年6月11日

他的研究范围如此广泛，需要很长时间才能完成，我们对他的突然逝去缺乏思想准备。国家还不知道，至少在某种程度上，她失去了一个多么了不起的儿子。任务尚未完成，他就中途离开，这犹如一种伤害……

——摘自拉尔夫·沃尔多·爱默生为梭罗写的悼词，

刊登于1862年8月《大西洋月刊》

梭罗以细致翔实的笔记记录了自己多年的观察结果。虽然他还没有对那些数据进行分析就去世了，但他把日复一日、年复一年的记录做成图表，证实了季节变化比他在学校里学到的春、夏、秋、冬的模式更加丰富和多样。

许多因素——寒流、热浪、飓风和干旱期——都会改变植物开花和其他季节性事件的发生时间。更严重的是，全球气候正在变暖，导致气温升高、更多的暴雨、更频繁的干旱和其他重大变化。自然界如何应对各种意外和变化的状况呢？

要回答这个深刻的问题，需要投入大量的工作。我们每个人都可以帮忙！开始写一本大自然的日历吧，这就像带着铅笔和笔记本走出户外一样容易。记录下你在春天看到的第一朵蒲公英或第一只大黄蜂，或在秋天看到的第一片变红的枫叶。

你可以一次又一次地回到同一个地方，跟踪一株植物的生命周期，从最初的萌芽到吐出花苞、绽放花朵，再到种子的成形和飘落。

如果你想了解更多，可以随身携带一些工具，比如用放大镜查看野花的花粉，或用尺子测量乳草上的毛毛虫。一些手机应用程序使得记录自然数据并与他人分享比以往任何时候都更加容易。其他工具——比如照相机和绘图铅笔——还能为数据收集增加价值和乐趣。

你还可以通过科学展览会和公众科学研究项目，与他人交流你的成果。无论你研究的是植物、鸟类还是其他生物，都可以找到一个在线研究项目，使你的观察增进大家的理解。它也许能成为一篇已发表论文的一部分，或可以支持一项公园保护的管理计划。

现在，生物气候学家已经掌握了植物开花和禽类孵化提早、动物冬眠时间缩短，以及气候变化的其他指标的证据。一些植物和动物似乎对气温上升格外敏感，另一些则似乎比较能适应。这些发现引出了新的问题：如果一朵野花提前开放，但前来授粉的蜜蜂仍然遵循过去的时间，结果会怎样？那些一直以丰富的种子为食而生存的老鼠，它们吃什么呢？古老而复杂的关系岌岌可危，有人称这些断开连接的结果为“全球怪象”。

气候变化的潜在影响，是一个巨大而复杂的拼图。我们可以让自己成为研究生物气候学的公众科学家，去帮助拼合这个拼图。我们可以继承亨利·梭罗未竟的事业，走出户外，去书写我们自己关于四季的书。

献给贾思帕。“快乐当然是生活的前提。”

——朱莉·邓拉普

朱莉·邓拉普 美国知名童书作家，作品包括《路易莎·梅》《梭罗先生的长笛》《人民的公园》《非凡的马蹄蟹》与《约翰·缪尔与斯蒂克恩》。她还为成人读者编辑作品，包括《大自然终结的时代正在到来：一代人面临着生活在一个变化了的星球上》。她目前在马里兰大学全球校区主讲野生动物生态学和环境学等课程。

献给杰里米，我亲爱的丈夫。

——梅甘·伊丽莎白·巴拉塔

梅甘·伊丽莎白·巴拉塔 美国知名童书插画家，与丈夫及一只名叫皮普的猫住在纽约州北部。她喜欢描绘平凡的生活场景，显示出它们的宁静之美，如她的绘本《大多数日子》（2021）。

本书引文摘自亨利·戴维·梭罗的童年散文《季节》，见沃尔特·哈丁（克诺夫出版社，1965年）的《亨利·梭罗的日子》第27页，来源于康科德免费公共图书馆特别收藏品部。

书中历史图片说明

第4页：塞缪尔·罗斯1854年画的梭罗肖像画，由康科德自由免费图书馆特别藏品部提供。

第4～5页：赫伯特·W.格里森绘的1906年地图传真件，显示了梭罗日记中提到的地方，由协和免费公共图书馆特别藏品部提供。

第12页：路易斯·阿加西斯教授的照片，来自纽约公共图书馆数字藏品照片。

第20页：梭罗住在瓦尔登湖时绘制的地图，由康科德免费公共图书馆特别藏品部提供。

第24页：《日晷》1840年第一期封面，由瓦尔登森林项目提供。

第30页：梭罗的瓦尔登湖畔小屋，由他的妹妹索菲娅绘制，出自《瓦尔登湖》（1854）。

第48页：索菲娅·梭罗的照片，由康科德免费公共图书馆特别藏品部提供。

第48页：1851的一则告示作为对1850年《逃奴追缉法》的回应，由美国国会图书馆提供。

第49页：海伦·梭罗的照片，由康科德免费公共图书馆特别馆藏品提供。

第52页：梭罗给奥尔科特绘制的地产平面图，由康科德免费公共图书馆特别藏品部提供。

第54～55页：康科德镇的中部地区图，约翰·沃纳·巴伯绘，出自《关于马萨诸塞州的有趣事实、传统、传记、轶事等综合收藏·地理描述卷》（多尔·豪兰与伍斯特出版公司，1839年，第377页）。

第60页：1854年梭罗的肖像速写，出自《丹尼尔·里基森和他的朋友们》（1902）。

第63页：1842年约瑟夫·波利斯肖像，查尔斯·伯德·金绘，美国塔尔萨吉尔克雷斯博物馆提供。

第69页：拉尔夫·沃尔多·爱默生1857年的照片，出自commons.wikimedia。

第70页：《弗雷德里克·道格拉斯：一个美国奴隶的生平自述》的扉页，1847年，出自：https://archive.org/details/douglasfred00dougrich。

第72页：1859年对哈珀斯渡口的突袭图画，美国国会图书馆提供。

第78页：梭罗画的一根老鹰羽毛，出自《梭罗日记》之1858年11月11日（1906年版），由瓦尔登森林项目提供。

第79页：梭罗的鸟类物候图，1851—1954年，出自哈佛大学比较动物博物馆恩斯特·迈尔图书馆与档案馆。

第83页：1856年梭罗的银版相片，出自隶属于史密森尼学会的美国国家肖像画廊。

“生活在每一个季节里——呼吸空气，饮水，品尝水果，尽情接受每一个季节的感召。”

——《梭罗日记》，1853年8月23日

图书在版编目（CIP）数据

梭罗的四季人生 /（美）朱莉 · 邓拉普著；（美）梅甘 · 伊丽莎白 · 巴拉塔绘；马爱农译 . — 上海：上海社会科学院出版社，2024

书名原文：I Begin with Spring: The Life and Seasons of Henry David Thoreau

ISBN 978-7-5520-4330-3

Ⅰ . ①梭… Ⅱ . ①朱… ②梅… ③马… Ⅲ . ①自然科学—儿童读物 Ⅳ . ① N49

中国国家版本馆 CIP 数据核字（2024）第 050490 号

I BEGIN WITH SPRING: The Life and Seasons of Henry David Thoreau
Text Copyright © 2022 by Julie Dunlap
Illustration Copyright © 2022 by Megan Baratta
All rights reserved.
本书中文简体版权由英国 Tilbury House Publishers 经安德鲁 · 纳伯格联合国际有限公司授权青豆书坊（北京）文化发展有限公司代理，上海社会科学院出版社在中国除港澳台地区以外的其他省区市独家出版发行。未经出版者书面许可，本书的任何部分不得以任何方式抄袭、节录或翻印。

版权所有，侵权必究。

上海市版权局著作权合同登记号：图字 09-2024-0181 号

梭罗的四季人生

著　　者：［美］朱莉 · 邓拉普
绘　　者：［美］梅甘 · 伊丽莎白 · 巴拉塔
译　　者：马爱农
责任编辑：周　霈
特约编辑：杨兆鑫　陈　辉
装帧设计：刘邵玲　邱兴赛
出版发行：上海社会科学院出版社
　　　　　上海市顺昌路 622 号　　邮编 200025
　　　　　电话总机 021-63315947　　销售热线 021-53063735
　　　　　https://cbs.sass.org.cn　　E-mail: sassp@sassp.cn
印　　刷：当纳利（广东）印务有限公司
开　　本：710 毫米 × 1000 毫米　1/16
印　　张：6.5
字　　数：60 千
版　　次：2024 年 7 月第 1 版　　2024 年 7 月第 1 次印刷

ISBN　978-7-5520-4330-3/N · 012　　定价：62.80 元

版权所有　翻印必究

如有印装质量问题，请向青豆书坊（北京）文化发展有限公司调换，电话：010-84675367